INTRODUCTION

A LA

MINERALOGIE;

OU

CONNOISSANCE

DES EAUX,

DES SUCS TERRESTRES,

DES SELS, DES TERRES,

DES PIERRES, DES MINERAUX,

ET DES MÉTAUX:

Avec une Description abrégée des opérations de Métallurgie.

Ouvrage Posthume de M. J. F. HENCKEL, publié sous le titre de *Henckelius in Mineralogiâ redivivus*, & traduit de l'Allemand.

TOME PREMIER.

A PARIS,

Chez GUILLAUME CAVELIER, Libraire, rue S. Jacques, au Lys d'Or.

____

M. DCC. LVI.

Avec Approbation & Privilége du Roi.

VIE

DE M. JEAN-FREDERIC

HENCKEL.

MONSIEUR JEAN-FREDERIC HENCKEL, dont le nom eſt connu ſi avantageuſement dans l'Hiſtoire Naturelle & la Chymie, nâquit à Freyberg en Miſnie en 1679. Il commença par étudier la Médecine, & exerça cet Art avec un très-grand ſuccès juſqu'à ce qu'entraîné par ſon goût dominant, il en quitta la pratique pour fe livrer uniquement à l'étude de la Minéralogie, de la Chymie & de la Métallurgie. Le lieu même de fa naiffance le mit à portée de fe fatisfaire ; en effet, la ville de Freyberg, fituée dans des montagnes fameufes par les mines qu'on y trouve & qu'on y travaille avec fuccès depuis plufieurs fiècles, offroit à M. Henckel un vafte champ pour fes recherches. Il eut donc occafion d'obferver la nature ; il le fit avec tant de fupériorité, que fa réputation ne tarda pas à fe répandre au loin,

& l'on vit accourir de Suéde, de Russie, & des différentes parties de l'Allemagne, une foule d'Auditeurs qui venoient profiter des lumiéres d'un si grand Maître , & s'instruire sous ses yeux de la connoissance des mines. Le Roi de Pologne , Auguste II , Electeur de Saxe, rendit justice au mérite de M. Henckel, & lui donna la place de Conseiller au Conseil des Mines de Freyberg , dans laquelle il rendit de très-grands services à son Prince & à sa Patrie. Il contribua sur = tout à la perfection de la Manufacture de Porcelaine de Meissen si connue dans toute l'Europe. Il mourut à Freyberg en 1744. Il avoit formé un Cabinet d'Histoire Naturelle considérable & très - complet, sur-tout pour la partie du règne minéral ; les héritiers de M. Henckel le vendirent après sa mort à un riche particulier de Pétersbourg, nommé M. Demidoff, dont le fils en a depuis fait présent à l'Université nouvellement établie à Moscou par l'Impératrice Elizabeth Pétrowna, aujourd'hui règnante en Russie.

On trouvera ci-après la Liste des Ouvrages de M. Henckel.

Celui dont on donne ici la Traduction, parut en Allemand à Dresde en 1747. sous le titre de *Henckelius in Mineralogiâ redivivus*. M. Stephani Disciple de M. Henckel en fut l'Editeur ; & le publia d'après un Manuscrit de l'Auteur. Il contient les principes généraux de la Minéralogie & de la Métallurgie, & doit être regardé comme le précis des Leçons que ce célèbre Naturaliste donnoit à ses Auditeurs.

Le goût de l'Histoire Naturelle, de la Chymie & des connoissances utiles, paroît augmenter de jour en jour en France ; on s'est donc flatté que la Traduction d'un Ouvrage de la nature de celui-ci, auroit l'approbation de ceux qui s'appliquent à ces sortes d'études. On n'a rien omis pour qu'elle fût exacte ; on a rectifié plusieurs fautes qui s'étoient glissées dans l'Edition Allemande ; & l'on s'est permis de joindre au Texte un petit nombre de Notes pour indiquer les nouvelles découvertes qui ont été faites depuis M. Henckel , fur quelques fubftances qui n'étoient connues qu'imparfaitement dans le tems qu'il dictoit ces Leçons. Comme on fe propofe de faire fuccéder à cet Ouvrage de M. Henckel , la Traduction de quelques autres qui ont mérité les fuffrages de tous les Connoiffeurs qui les ont lûs ; on a cru qu'il étoit à propos de débuter par celui-ci comme le plus propre à fervir de clef pour l'intelligence de ceux qui pourront le fuivre. M. Stephani, l'Editeur de cet Ouvrage , avoit promis de pu-

blier le *Lexicon Mineralogicum*, ou Dictionnaire du
Regne minéral de M. Henc-
kel dont il possédoit le Manuscrit ; c'étoit le fruit des
observations & des travaux
infatigables de ce grand Naturaliste, qui avoit ramassé
avec le plus grand soin, pendant un très-grand nombre
d'années, des matériaux
auxquels la mort l'avoit
empêché de mettre la der-
nière main. Mais M. Ste-
phani, décédé lui-même depuis ses engagemens, n'a
pû les remplir. Il y a cependant lieu d'espérer, que
dans un pays où l'Histoire

Naturelle & la Science des Mines eſt cultivée avec autant de ſoin qu'en Saxe, un Manuſcrit ſi important ſera tombé entre les mains de perſonnes habiles, & aſſez amies du progrès des Arts utiles, pour faire part au Public d'un tréſor dont la perte ſeroit vraîment irréparable.

LISTE
DES OUVRAGES
DE MONSIEUR
J. F. HENCKEL.

FLORA SATURNIZANS; Ou l'Affinité entre le regne végétal & le regne minéral. En Allemand, 1. vol. *in-*8. imprimé à Leipſic, en 1721.

PYRITOLOGIA. C'eſt-à-dire, Hiſtoire Naturelle des Pyrites. 1. gros vol. *in-octavo*, en Allemand, à Leipſic, en 1725. & en 1754.

Traité de la Conſomption, ou Maladie à laquelle les Ouvriers qui travaillent dans les mines ſont ſujets, *in-octavo*, en Allemand. A Freyberg, 1728.

BETHESDA PORTUOSA. Ou Traité des Eaux Thermales de Lauchſtadt, *in-octavo*, en Allemand, 1740.

Traduction Allemande du Livre de François Reſpur, qui a pour titre : *Rares Expériences ſur l'Eſprit minéral, in-octavo*, à Dreſde & à Leipſic, 1743. M. Henckel a joint un grand nombre de Notes au texte de l'Auteur.

DE APPROPRIATIONE CHYMICA, en Latin, à Dreſde & à Leipſic, en 1727. *in-octavo*.

DE LAPIDUM ORIGINE, en Latin, à Dreſde & à Leipſic, 1734. *in-octavo*.

OPUSCULES MINERALOGIQUES. C'eſt une Traduction Allemande des deux Ouvrages qui précédent, auxquels on a joint quelques autres Traités du même Auteur. Ce Livre a été publié par M. C. F. Zimmermann, qui a joint d'excellentes Notes au Texte de M. Henckel, dont il étoit Diſciple. A Dreſde en 1744.

HENCKELIUS IN MINERALOGIA REDIVIVUS. Ou Introduction à la Minéralogie & à la Métallurgie, publié en

Allemand par M. Stephani, *in-octavo*; à Dresde, 1747. C'est l'Ouvrage dont on donne ici la Traduction.

LEXICON MINERALOGICUM. Ou Dictionnaire du regne minéral ; manuscrit.

TABLE
DES CHAPITRES
ET DES SECTIONS

De la Premiere Partie.

TABLE
DES MATIERES.
DE LA PREMIERE PARTIE.

A.

De

G.

H.

L.

M.

N.

P.

S.

Fin de la Table des Matieres.

TABLE
DES CHAPITRES
ET SECTIONS

Contenus dans le Tome Second.

Fin de la Table des Chapitres.

TABLE

TABLE
DES MATIERES.

Du Second Volume,

A.

Tome I.

D.

E.

F.

G.

M.

N.

O.

Fin de la Table des Matieres.

FAUTES A CORRIGER.

TOME I.

PAge 19. *ligne* 19. du regne végétal ; l'huile de térébenthine &, *lisez* du regne végétal ; l'huile, &c.

Page 136. *lig.* 20. mas, *lisez* mais.

Page 137. *lig.* 10. lisie, *lisez* Siléfie.

Page 165. *lig. dern.* autant, qu'on peut, *lisez* autant qu'on peut.

TOME II.

Page 9. *lig.* 7. ces parties, *lisez* ses.

Page 315. *lig.* 13. le, *lisez* la.

INTRODUCTION A LA MINÉRALOGIE.

PREMIERE PARTIE.

LA Physique eſt la ſcience des choſes naturelles, & ſelon cette acception elle eſt diſtinguée de la Métaphyſique, qui eſt la connoiſſance de Dieu, des Anges & de l'Ame. La Phyſique s'occupe cependant auſſi de l'ame, ſur-tout dans la Médecine; mais elle ne la conſidére que comme unie au corps & ſans aucun

I. Partie.   A

rapport à son origine & à son immortalité.

Il y a trois points de vûe sous lesquels on peut considérer les choses naturelles ou plutôt les corps. 1°. Selon leur forme extérieure ou proportion. 2°. Selon leur pesanteur. 3°. Selon leur mixtion.

Quand on considére les corps relativement à leur forme extérieure, on s'arrête à leurs dimensions, c'est-à-dire, à leur longueur, largeur & profondeur, à leurs angles, à leur rondeur, &c. & cette partie de la Physique se nomme *Mathématiques* ou *Géométrie*.

La pesanteur d'un corps est ou intrinsèque, & spécifique; & c'est en ce sens que l'or est plus pesant que l'argent; ou elle est extrinsèque & Géométrique comme dans le levier. La pefanteur de la premiere efpèce eft du reffort de la Phyfique ftrictement dite ; car la pefanteur intrinsèque naît de la mixtion & combinaifon, & conféquemment de l'effence du corps. La pefanteur de la feconde efpèce eft du reffort de la Méchanique.

Lorfqu'on confidére un corps fuivant fa mixtion, on examine quelles font les parties qui entrent dans fa compofition, & de quelles manieres elles font arrangées & combinées. Cet examen eft ce qu'on nomme *Phyfique*, foit en y ajoutant l'épithète de *Chymique* ou proprement dite, foit fimplement & fans addition.

C'eft de cette troifiéme partie de la Phyfique que nous avons à traiter : mais comme la pefanteur fpécifique eft un des caractères effentiels d'un corps, nous aurons auffi occafion d'en parler.

L'effai que nous publions aura particuliérement pour objet la *Minéralogie* ou le connoiffance 1°. des eaux , 2°. des fucs terreftres , 3°. des fels , 4°. des terres , 5°. des pierres , 6°. des minéraux , & 7°. des métaux.

La Chymie eft la clef de cette fcience ; mais comme cet Art ne s'occupe ni de la figure, ni de la différence extérieure, ni des dénominations des minéraux , j'ai cru devoir donner une idée de ces objets , d'après ce que l'expérience m'en a appris.

CHAPITRE PREMIER.

SECTION I.

De l'Eau.

LE s Eaux se trouvent ou au-dessus de la terre, ou dans ses entrailles.

Celles qui sont au-dessus *suprà-terraneæ*, ou *subdiales*, sont l'air, la rosée, les brouillards, le verglas, la neige, la pluie, la grê-le, les étoiles tombantes, *Stella cadens*, &c. que l'on appelle *méréores*.

Toutes ces eaux, sur-tout la pluie & la neige, produisent beaucoup d'eau à la surface de la ter-re ; elles augmentent les fontaines & les riviéres, qui, comme on sçait, doivent beaucoup aux

A iij

eaux qui font au-deſſus de la ſurface de la terre.

L'air ſe diviſe en air, *Aer* , & en
Æther ; par air , *aer* , l'on entend
un air groſſier, & par Ether un air
plus ſubtil ; ainſi l'air & l'éther ne
différent point eſſentiellement ;
la diſtinction du plus au moins ,
qui eſt entr'eux eſt la même que
celle qui eſt entre un corps den-
ſe & un corps raréfié.

L'air eſt une eau raréfiée ou en
expanſion ; c'eſt pour cette raiſon
qu'un ſel alcali, après avoir été
échauffé , s'humecte par le contact de l'air , & ſe réſout enfin en
une ſubſtance fluide qu'on nomme
huile par défaillance ; que l'on n'eſt
pas auſſi altéré en hiver que dans
toute autre ſaiſon ; & que tout
devient plus peſant à l'air.

L'Etoile tombante (*ſtella cadens*) eſt comme une gelée ou

une matiere vifqueuſe ; elle a une odeur de marécage , & dans ſa diſtillation elle dépoſe un veſtige léger de terre.

Les eaux qui ſont au-deſſus de la terre (*ſuprà-terraneæ*) ont, pour ainſi dire , ſubi une diſtillation , puiſque elles ont été élevées ſous la forme de vapeurs , par la chaleur qui règne dans le ſein de la terre & à ſa ſurface , de la même façon qu'une diſtillation s'opére dans un alembic ; & que , montées juſqu'à une certaine région de l'air , elles s'y condenſent comme dans le chapiteau d'un alembic , forment des nuages , & retombent ſous la forme de pluie , de neige &c , pour humeǎer la terre.

Les eaux du ciel contiennent une portion de terre ſubtile que l'on y découvre lorſque l'eau de pluie & la neige ont été quelques mois en putréfaction.

Dans les expériences que l'on fait fur l'air, & fur l'eau qu'il contient, il faut apporter beaucoup de précaution pour empêcher que les vaiffeaux ni rien ne leur communiquent quelque chofe d'étranger. Par exemple, on enlevera la neige proprement & fans qu'il s'y mêle aucune pouffiere ; on la portera dans un grand vaiffeau de verre ; & l'on fe gardera fur-tout d'y toucher avec du bois, matiére propre à altérer la qualité de l'eau.

Il y a auffi une portion de matiére inflammable ou un *phlogiſti-que*, dans l'eau du ciel, comme on en eft convaincu par les éclairs, le tonnerre, & les autres météores ignés.

Cette eau contient encore un

acide qui fait du vitriol en s'u-
niſſant avec une terre métallique,
de l'alun en ſe combinant avec
une terre crétacée, du nitre avec
une terre graſſe, du tartre vitriolé
avec un alcali.

SECTION II.

Des Eaux ſouterraines.

CES eaux viennent du ſein de
la terre, & ſont avec la mer dans
une circulation perpétuelle & ſemblable à celle du ſang par les veines
avec le cœur dans le corps humain.

Elles ſortent de la terre par les
ſources ; il en naît d'abord de petits ruiſſeaux ; & par le concours
des eaux du ciel & d'autres ruiſſeaux, elles ſe groſſiſſent & forment de grandes riviéres.

Les fontaines & riviéres ne
ſont point uniquement formées

A v

par les neiges & les pluies, car il arrive souvent, même dans les Etés les plus secs, que des sources peu considérables ne tariſ- ſent pas entiérement; quoiqu'el- les ſoient ſituées dans un pays plat, qui n'eſt point environné d'éminences,& où par conſéquent il n'eſt pas à préſumer que les eaux de pluies puiſſent ſe rendre.

Il y a des eaux ſouterraines qui ſe trouvent ſalées comme celles de la mer. Il y en a beaucoup qui ſous terre changent par pluſieurs accidents leur ſalure; c'eſt ce qui eſt arrivé dans les eaux que l'on nomme *acidules*, qui contiennent un acide vitriolique dont elles ſe ſont chargées, & dans les eaux de Carlsbade où il n'eſt pas dou- teux que le principal ingrédient ne ſoit un alcali du ſel marin.

La plûpart de ces eaux ſe dégagent entiérement de leur partie saline, & s'appellent *eaux douces*, telles font toutes les sources & fontaines dont les eaux servent à boire, à blanchir le linge, à braffer la biére, &c.

C'eft plutôt par évaporation que par filtration que les eaux ter- reftres fe dégagent de leurs parties falines ; en effet les fels pafferoient avec les eaux au travers du filtre, au lieu qu'ils reftent en arriere dans l'évaporation. Ces eaux étoient originairement contenues dans de profonds abymes où el- les s'étoient amaffées, & for- moient de grands réfervoirs ; el- les fe font élevées & ont paffé au travers d'une terre poreufe, fpon- gieufe, & pleine de fentes, fous la forme de vapeurs, comme on voit les liqueurs s'élever vers le chapiteau d'un alembic ; là elles

A vj

ſe ſont raſſemblées , ſur-tout au-
deſſous des couches des terres ar-
gilleuſes & glaiſeuſes qui ſont
compactes ; elles s’y ſont attachées; elles ont formé des gout-
tes , & ſe ſont fait un paſſage au
travers des fentes pour atteindre
à la ſurface de la terre ; & lorſqu’elles n’ont point rencontré
d’iſſue , elles ſont retombées aux
mêmes lieux d’où elles s’étoient
élevées.

Les eaux terreſtres ſe trouvent
encore accidentellement chargées de différentes ſubſtances, telles que des matiéres viſqueuſes ,
de l’argile , de la chaux , du ſoufre , du vitriol , de l’alun , du nitre , du bitume , de l’ochre , &c.
ſelon les eſpèces de terres où de
ſubſtances minérales qui ſe rencontrent dans les endroits qu’elles traverſent.

Section III.

Des eaux artificielles.

Ces eaux s'obtiennent ou par la fermentation ou par la putréfaction, ou par la distillation.

Les végétaux font détruits ou décomposés par la fermentation ; alors ils donnent une liqueur qui par la distillation fournit de l'esprit ardent ; mais pour cela il ne faut prendre que le suc récemment tiré des végétaux ; car quand les végétaux ou les plantes font sèchées, il faut y joindre de l'eau commune.

Par la putréfaction, les substances animales, telles que la chair, & sur-tout la cervelle, deviennent fluides ; c'est ce qu'on appelle *colliquation* ; & lorsque la putréfaction est achevée, les parties

terreufes les plus groſſiéres ſe dé-
poſent & ſont couvertes de parties aqueuſes qùi nâgent au-deſſus.

Par la diſtillation , on tire la
liqueur contenue dans les plantes,
les fleurs ; les ſemences fraîches ,
ſoit ſans y rien ajouter , ſoit en y
joignant de l'eau de fontaine , du
vinaigre , du vin , de l'eſprit de
vin, &c. & l'on donne à la liqueur
qu'on a obtenue , le nom de la
plante dont elle a été tirée , telle
eſt l'eau roſe , l'eau de perſil , &c.

Lorſqu'on voudra diſtiller une
plante ſans addition , il faudra ſe
ſervir du bain-marie , ſans quoi la
liqueur ſera empyreumatique ; à
moins qu'on ne la deſire ainſi ,
comme il arrive dans les cas où
l'on ſe propoſe de faire l'eſprit &
l'huile de tartre , l'*oleum Heraclinum* de Paracelſe ; & même

dans ces occafions, on ne met point le vaiffeau au bain de fable, mais on l'expofe à feu nud.

Pour la diftillation des végétaux on ajoute ordinairement de l'eau, & l'on nomme la liqueur qui vient *liqueur diftillée*, qu'il ne faut point confondre avec les efprits ardens, ou liqueurs fortes. Si, pour faire la diftillation, au lieu d'eau commune, on s'eft fervi de vin ou d'eau-de-vie, on donne à la liqueur le nom de la plante, en ajoutant qu'elle a été diftillée avec le vin ou l'eau-de-vie.

Par la diftillation, on tire auffi des liqueurs des fubftances animales, en y ajoutant du vin ou de l'eau, tels font l'eau de corne de cerf, l'eau de cœur de cerf, l'eau d'hirondelle, &c.

En un mot, par *Eaux artificielles*, on entend les liqueurs qui ne

viennent point du sein de la terre
& ne tombent point du ciel. Du
reste toutes ces eaux sont composées (*compositæ*), & même décomposées (*decompositæ*) ; & c'est en
cela même qu'elles différent des
eaux naturelles tant du ciel, que
souterraines, en tant qu'elles sont
pures & non mêlées avec des parties terreuses, salines ou grasses.

CHAPITRE II.

Des sucs terrestres & des substances sulfureuses.

PAR substances sulfureuses nous n'entendons point du vrai soufre ; nous voulons seulement désigner des substances qui contiennent quelque chose qui est de la nature du soufre , ou inflammable , mais auxquelles il manque l'acide vitriolique qui est essentiel pour constituer le soufre.

Les substances sulfureuses (*sulphureæ*) sont de deux espèces, ou sèches ou *fluides*.

Les substances sulfureuses sèches du règne minéral sont le succin, l'asphalte , le pisasphalte ou la poix minérale , l'ambre gris ainsi nommé par les François pour le diſtinguer du ſuccin qu'ils nomment ambre jaune.

Dans le règne végétal, ce ſont toutes les réſines, telles que la myrrhe, le maſtic, &c. elles ſe diſſolvent dans l'eſprit-de-vin en quoi elles différent des gommes qui ſe diſſolvent dans l'eau.

Dans le règne animal, le phoſphore pourroit ſervir d'exemple de ſubſtances ſulphureuſes ; car c'eſt avec des matiéres animales qu'on le prépare.

Les ſubſtances ſulfureuſes liquides ſont 1°. les baumes qu'on ne peut point appeller huiles, à cauſe de leur conſiſtence épaiſſe, la térébenthine, le baume de la Mecque, celui du Pérou, le ſtorax liquide, &c. 2°. les huiles qui ſont plus fluides que les baumes, & qui varient à l'infini.

Les huiles, ſous leſquelles on

comprend quelques liqueurs qui n'en font point proprement, doivent fe divifer 1°. en *Effentielles.* 2°. en Analogiques, (*Analogica five extrà-Effentialia.*)

Les huiles effentielles font ou *natives*, ou *diftillées*, ou *exprimées.*

Les huiles natives ne fe trouvent que dans le règne minéral, telles font, par exemple, le pétrole, l'huile de naphte, qui toutes fortent des rochers, & qui, fi elles ne font point produites par la poix minérale, ont du moins beaucoup d'analogie avec elle.

Les huiles effentielles diftillées, que l'on nomme auffi *Ethérées*, viennent du règne végétal, l'huile de térébenthine, de cumin, de rofe, de marjolaine, &c, font de cette efpèce.

Toutes les plantes un peu fèchées donnent par la diftillation &

la cohobation dans une cucurbi-
te , une huile ; mais les femences
huileufes , les fleurs & plantes
aromatiques ne réufliffent point
fi bien.

Les huiles exprimées font celles que l'on tire par la preffion
des graines, ou noyaux qui contiennent un fruit huileux , telles font
les huiles d'amandes , de noix ,
de lin , &c.

Les huiles analogiques , ou celles qui ne font des huiles que par
la reffemblance, fans en être réellement, font les huiles *empyreumatiques* , les huiles *par défaillance* ,
les acides concentrés , les huiles
compofées.

Les huiles empyreumatiques
font des liqueurs qui , dans la diftillation des plantes ou des fubftances animales, paffent à la fuite
des liqueurs phlegmatiques , ou

aqueufes fous la forme d'une huile épaiffe & d'une odeur défagréa-
ble. Telle eft, l'*oleum tartari fœtidum*, l'huile de corne de cerf,
l'*oleum heraclinum*, ou l'huile de
noifetier, & celles qui fe tirent
de toutes les plantes & de tous
les bois.

Les huiles par défaillance font
des liqueurs formées par un alcali fixe qui a été expofé à l'humidité de l'air; telle eft l'huile de tartre
par défaillance, qui fe fait avec le
fel de tartre expofé à la fraîcheur
d'une cave dans des vaiffeaux de
verre ou de grais. Il ne faut point
la confondre avec l'*oleum tartari
fœtidum*. On peut obtenir une liqueur pareille avec toutes les fcories alcalines, telles que font celles qui font au-deffus du régule
d'antimoine quand il a été fondu pour la feconde fois avec le

nitre, du régule d'arsénic, &c.

Les acides concentrés s'appellent aussi *huiles*, parce qu'ils paroissent épais & gras ; c'est ainsi qu'on nomme l'acide vitriolique, *huile de vitriol.*

Les huiles composées sont, par exemple, l'huile de camphre, qui n'est qu'une dissolution de camphre dans de l'eau - forte ; l'huile de Saturne ou la liqueur semblable à de l'huile qui reste après qu'on a fait le sucre de Saturne, qui ne veut plus cristalliser. On peut compter encore au nombre des huiles composées celles qui se font en mettant un végétal, ou une autre substance à infuser dans de l'huile, comme, si l'on veut, l'huile de lys blanc à infuser dans de l'huile d'olives ; on prétend par-là que la substance qu'on a mise dans l'huile lui communique sa vertu : l'*oleum hyperici*, l'*oleum Besoardicum Wedelii* qui se fait en mêlant du camphre avec de l'huile d'amandes douces, sont aussi de cette espèce.

CHAPITRE III.

Des Sels.

IL n'y a proprement que deux eſpèces de ſels, les *acides* & les *alcalis.*

Lorſqu'un acide eſt úni avec un alcali il ſe forme un troiſiéme ſel, que quelques-uns nomment *ſel ſalé*, d'autres *ſel double*, ou *ſel neutre*, qui eſt compoſé de deux ſels ſimples, d'un acide & d'un al-cali.

La dénomination de ſel ſalé ou neutre doit avoir lieu ; car, ſuivant l'autre, il faudroit, par exemple, donner le nom d'alcali à la terre métallique du vitriol, qui n'en eſt cependant point un.

Il y a donc trois eſpèces de ſels, 1°. les *acides*, 2°. les *alcalis*, 3°.

3°. les *sels salés* (*salsa*) ou *sels neutres.*

Les acides ne se montrent jamais par eux-mêmes (*per se*) que sous une forme liquide; & quand ils se trouvent sous une forme concrete, ils y sont toujours unis avec une terre ou alcaline ou métallique, &c. Ce qui les caractérise, c'est la propriété qu'ils ont de faire effervescence, sur-tout avec les terres alcalines, les terres métalliques, les crétacées ou calcaires, de s'y unir & de former avec elles un sel neutre.

Les alcalis ou sels lixiviels se montrent sous une forme sèche ou concrete; mais l'humidité de l'air les change en une liqueur que l'on nomme *huile par défaillance.* Ce qui les caractérise, c'est leur effervescence avec les acides, & la propriété de former avec eux

des sels que l'on nomme *sels neutres*, (*salia tertia*, *seu enixa*) ; le
goût en est douceâtre ; ils sont
gluans & visqueux au toucher,
comme une matiére grasse, au
lieu que les acides ont un goût
piquant, & froncent la peau.

Les sels neutres sont de trois
espèces, ceux dont on vient de
parler, les sels métalliques ou vitriols, & les sels alumineux.

Les sels neutres formés par
l'union d'un acide & d'un alcali
sont le tartre vitriolé, l'*arcanum
duplicatum*, le sel admirable de
Glauber, le sel des eaux acidules, le sel d'Epsom, le sel de
Sedlitz, la terre foliée du tartre,
le nitre, le sel marin & le sel
gemme.

Les sels métalliques ou vitriols
formés par l'union de l'acide du
soufre avec une terre métallique

font, à proprement parler, de trois espèces, sçavoir le vitriol de Mars, le vitriol de Vénus, & le vitriol blanc. Cependant on doit mettre dans cette classe tous les corps salins, formés par l'union d'un acide quelconque avec différens métaux. Tels font le sel ou vitriol de Lune, les crystaux de bismuth, le sucre de Saturne, &c.

Les sels alumineux font ceux qui font formés par l'union de l'acide vitriolique & d'une terre crétacée, tel est l'alun qui se trouve dans une terre grasse brune, l'alun de quelques ardoises, l'alun de la calamine, l'alun de roche, c'est-à-dire, celui qui se forme de lui-même sur des pierres ou roches.

Les acides font 1°. l'acide vitriolique qui est contenu dans le soufre, l'alun, le vitriol de Vénus, le vitriol de Mars, & même dans l'air. 2°. L'acide du nitre qui est dans le salpêtre & qui se trouve aussi dans l'air. 3°. L'acide du sel marin qui est contenu dans le sel de la mer & dans le sel gemme. 4°. L'acide végétal, qui se trouve sur-tout dans le vin & les liqueurs vineuses, le vinaigre, le tartre, le bois, & dans tous les fruits aigres mûrs ou non mûrs, tels que les citrons, &c.

Les alcalis sont ou *fixes* ou *volatils.*

Les alcalis sont ou *minéraux* ou *végétaux.*

Les alcalis minéraux se trouvent 1°. dans les acidules, telles que les eaux de Carlsbade, 2°. dans le sel marin. 3°. On en a trouvé quelquefois qui sortoit de la terre, comme j'en ai vû dans la Marche de Brandebourg; il y a lieu de croire qu'il est produit par des eaux acidules dont ce fel s'eft dégagé pour prendre corps. 4°. dans l'alcali du nitre, quoiqu'il participe déja de la nature des végétaux.

Les alcalis végétaux font tous les fels qu'on a retirés par le moyen de l'eau, des cendres des plantes brûlées, & auxquels on a donné une confiftence sèche, ou forme concrete par la cuiffon ou l'évaporation ; on les appelle *potafche*, parce que la préparation s'en fait dans des pots. Le principal & le plus connu de ces fels alcalis, eft le *fel de tartre* ; quelques-uns mettent à côté le fel qui fe tire des cendres des farments de vigne.

Les alcalis volatils font des fels d'une confiftence sèche que le feu a la propriété d'élever dans les vaiffeaux, & qui s'attache au chapiteau. On les tire de toutes les substances animales, & sur-tout de l'urine & de la corne; c'est ce qui fait qu'on les appelle *sel volatil d'urine*, *sel volatil de corne de cerf*, *sel volatil de vipére*, &c. Cependant les végétaux donnent aussi un sel volatil, mais difficilement, & en petite quantité; & il faut pour cela des manipulations particuliéres. On en a des preuves dans la suie luisante, qui donne une liqueur ou esprit dont l'odeur est volatile, & dans la plante *Kali*, qui par la putréfaction donne un vrai sel volatil.

Quoiqu'il y ait beaucoup d'analogie & d'affinité entre les trois règnes de la nature, & quoique les sels puissent se convertir les uns dans les autres, il faut neanmoins observer que 1°. les acides les plus puissans se trouvent dans le règne minéral ; 2°. les alcalis fixes dans le règne végétal , & 3°. les alcalis volatils dans le règne animal. Et c'eſt ici qu'on peut dire qu'il n'y a point de règle ſans exception ; par exemple , le ſel marin qui eſt un ſel minéral , ſe trouve dans la plante *Kali*, & par conſéquent dans la ſoude qui ſe fait avec cette plante ; & de plus c'eſt un ſel alcali fixe que l'on peut rendre volatil.

CHAPITRE IV.

De la Terre.

LA Terre eſt la partie sèche oppoſée à la partie aqueuſe, ſuivant la diviſion que Moyſe nous en a donnée ; cependant la terre n'eſt jamais entiérement dépourvue d'eau, de même que l'eau contient toujours des parties terreſtres dont elle s'eſt chargée.

La terre conſidérée ſous différens points de vûe ſe diviſe diverſement ; dans ces diviſions, l'on peut avoir égard à la différence des règnes de la nature, à la ſituation, aux couleurs, aux uſages, à la conſiſtence, aux mêlanges & aux effets dans le feu.

Quand on diviſe la terre relativement aux trois règnes, on l'ap-

pelle ou minérale, ou animale,
ou végétale ; elle est la plus abondante dans le règne minéral ; il y
en a moins dans le règne animal ;
& elle ne se trouve qu'en très-
petite quantité dans le règne végétal. Dans les règnes animal &
végétal, c'est une cendre ou poussiére produite par la combustion
ou par la putréfaction ; mais elle
est toute formée dans le règne
minéral.

Il s'agit ici principalement de
la terre minérale ; dénomination,
sous laquelle nous comprenons
non-seulement celle qui contient
du minéral, du métal, du soufre,
de l'arsenic, du vitriol, &c. mais
encore toute terre vierge qui n'est
produite ni par des substances animales, ni par des substances végétales, & qui conséquemment
n'est ni du fumier ni de la cendre.

B v

La terre minérale ſe diviſe, eu égard à ſa ſituation, par couches ſupérieures & inférieures. La couche ſupérieure s'appelle en Hiſtoire Naturelle (*humus*) terre labourable, *terre de jardin*, ou *terre franche*. Les Mineurs Allemands l'appellent *Tamm Erde*; elle eſt ordinairement noire, graſſe, peu compacte, & propre au règne végétal; elle n'eſt pourtant point également répandue ſur notre globe; elle a été entraînée de pluſieurs endroits par les eaux, & ſurtout par celles du déluge univerſel, & portée plus abondamment en certains lieux qu'en d'autres. Les couches ou lits qui ſe trouvent au-deſſous de cette première terre ne ſont point par-tout les mêmes; en effet tantôt elles ſont limoneuſes, glaiſeuſes, graſſes, pierreuſes, ſabloneuſes, mais le plus communément pierreuses, sur-tout dans les montagnes.

Suivant les couleurs, les terres se divisent en noires, jaunes, vertes, rouges, bleues, &c.

Eu égard aux usages, on divise les terres en *médicinales*, qui servent au corps humain, tant intérieurement qu'extérieurement ; telles sont le *medulla Saxorum*, les bols, la terre de Lemnos, la terre du Japon, &c. ou le cachou; quoique cette derniére ne soit point purement minérale, mais végétale ; ou en terre *pittoresque*, qui sert aux Peintres, telles sont la terre d'ombre, les bols, les ochres, &c.

Relativement à la consistence, la terre est ou compacte, ou spongieuse, ou en poussiére, &c.

Il y a encore des terres d'une consistence moyenne, qui ne sont ni ſi dures ni ſi compactes que les pierres, mais qui ne laiſſent pas d'en approcher aſſez, & ne ſont preſque plus des terres ; telles ſont le tripoli, la calamine, &c.

Nous avons dit encore que les terres différoient, eu égard à leur nature, & à leur mêlange ou mixtion ; mais pour avoir une idée de cette mixtion, il faut entendre ce que c'eſt que les trois terres de Becher, puiſque toutes les pierres & terres en ſont compoſées.

La premiére terre de Becher qu'il nomme *hypoſtatique,* eſt celle qui ſe vitrifie, & qui donne du corps & de la liaiſon aux deux autres ; elle domine dans le quartz ou caillou, dans le ſable & même dans toutes les terres & pierres minérales.

La ſeconde terre de Becher qu'il appelle terre *ſulfureuſe,* eſt celle qui eſt inflammable, & qui donne aux terres métalliques, la *métalléité*; elle ſe trouve ſurtout dans le charbon de terre, l'ardoiſe, &c.

La troiſiéme terre de Becher à laquelle il donne le nom de *mercurielle*, eſt celle qui eſt volatile; elle revient au même que la ſeconde.

Dans le plomb, par exemple, il y a d'abord la terre vitreſcible; la terre graſſe s'y trouve auſſi; & enfin l'on y reconnoît la terre mercurielle. En effet une portion de ce métal ſe vitrifie, une autre s'enflamme, & une troiſiéme ſe volatiliſe & ſe diſſipe.

La ſeconde terre ou terre graſſe, ſe trouve abondamment dans les animaux & végétaux; la premiére s'y trouve en moindre quantité, & la troiſiéme n'y eſt point du tout.

La premiére se trouve le plus dans les minéraux, la seconde s'y rencontre moins, & la troisiéme est propre aux terres métalliques.

Enfin les terres différent entre elles, en ce qu'il y en a qui sont difficiles à mettre en fusion ou réfractaires; & d'autres sont très-fusibles. Les réfractaires sont sur-tout l'argille ou terre glaise, la terre à Potiers; *un mica* blanc & gris dont est composée la pierre qu'on tire des carriéres de ce pays, dans laquelle il se trouve aussi du quartz, & qui est par couches; on s'en sert à Freyberg pour la construction des fourneaux de fusion.

Les terres fusibles sont 1°. le limon, la terre dont on fait la brique, dans laquelle il entre des particules ferrugineuses; ce qui la fait devenir rouge dans le feu; les

Maréchaux & Serruriers s'en servent aussi pour souder. 2°. Les terres jaunes, que l'on nomme *gilbe* en Allemand, ainsi que les autres *guhrs* semblables, à l'exception des substances pierreuses qui s'y trouvent mêlées, & qui sont tantôt du quartz, tantôt de la pierre de corne ou jaspe, tantôt quelqu'autre substance difficile à fondre ou réfractaire, & qui font qu'on leur donne le nom de *harte gilbe* ou gilbe dur. 3°. Les terres brunes qui sont de la même nature que les précédentes, & sur lesquelles il y a les mêmes observations à faire. 4°. La craie, d'autant plus qu'elle est saline. 5°. Les terres calcaires qui font rares dans leur nature, mais dont on a un exemple dans les salines ; comme on le voit dans celles de Solikamskaga en Sibérie, & qu'on

employe dans le voifinage , pour
aider à la fufion des minéraux.
Nous en avons un exemple parmi
nous à Teuditz & à Kotfchau ;
elle ne fe montre point fous la
forme d'une terre , mais elle s'attache fous la forme de ftalactite
aux fagots des chambres graduées.

CHAPITRE V.

Des Pierres.

UNE Pierre n'eft proprement
qu'une terre; elle n'en différe
que par la dureté & par la liaifon
de fes parties. Mais comme c'eft
de la réfiftance que dépendent la
dureté & la denfité, & que l'on
ne peut en déterminer les degrés;
cette différence ne fuffit pas toujours pour diftinguer une pierre
d'une terre ; en effet , ce qui pas

roît dur à l'un, ne paroît pas de même à l'autre ; un homme écrasera facilement entre ses doigts un morceau de mine, tandis qu'un autre ne pourra pas venir à bout d'écraser de la marne ou un morceau d'argile : en un mot, il n'y a point de définition entiérement exacte, toujours applicable, & qui ne souffre point de contradiction, de la dureté & de la molesse, ces qualités étant purement relatives. Quoiqu'on ait quelque raison de ne pas donner le nom de pierre à une substance fossile, facile à écraser, molle & friable, telle que le limon, la terre glaise, la craie, le bol, &c. on ne doit pas être exempt de la crainte de se tromper, quand on s'arrête simplement à ces caractères ; il est donc plus sûr de s'en tenir à l'usage reçu, & de laisser le nom de *pierres*, aux subftances à qui une longue habitude l'a confacré; il feroit inutile de changer le nom de la *pierre calaminaire*, & de l'appeller une terre, quoique fouvent elle foit fi friable qu'on peut l'écrafer avec les doigts.

Il y a la même difficulté pour la folubilité dans l'eau, fur laquelle quelques-uns fe reglent pour diftinguer une terre d'une pierre. Une terre comme l'argille, lorfqu'elle a été paîtrie & bien sèchée, exige de l'action pour être mêlée avec l'eau; la craie s'y mêle encore avec plus de peine: il n'eft pas douteux que la difficulté n'augmente pour une pierre; cependant on en vient à bout, en y employant plus de tems & de force; d'ailleurs il y aura des pierres plus aifément mifcibles à l'eau les unes que les autres. Qui pourra donc fixer à quel point doit aller la miscibilité avec l'eau, pour décider, quand une terre cessera d'être appellée *terre*, pour prendre le nom de pierre?

Il y a tant de confusion, de desordre & d'équivoque dans l'Histoire Naturelle des pierres, qu'il est très-mal aisé de s'en tirer. Le moyen le plus sûr, c'est de prendre garde au point de vûe suivant lequel la distribution a été, ou doit être faite. En effet, l'Œconome, le Joüaillier, le Tailleur de pierres & le Sculpteur, l'Ouvrier des mines, le Physicien ou le Sçavant, instituent chacun des divisions différentes; c'est de-là que viennent, par exemple, les divisions des pierres en *précieuses* & *communes*, en *quartz* & en *spath*, en *feuille-*

tées & non-feuilletées, en *grais*, en *albâtre*, en *marbre*, en *pierre-à-chaux*, en *cailloux* & en *ardoise*, &c. Il semble qu'ici la seule division du Physicien devroit avoir lieu ; cependant nous nous conformerons au proverbe, *verba valent sicut nummi* ; & nous suivrons une division d'autant moins rigoureuse que, pour donner une idée claire & précise, il faut que le Physicien lui-même fasse attention à plus d'un objet.

On peut, & l'on doit assez généralement distribuer les pierres, eu égard 1°. aux trois règnes de la Nature, 2°. à la transparence, 3°. à la dureté, 4°. à la couleur, 5°. aux usages dans la société, 6°. aux usages dans la Médecine, 7°. aux propriétés essentielles & intrinsèques, 8°. aux effets produits dans le feu ; c'est-à-dire, à la fusibilité.

En divifant les pierres fuivant les trois règnes de la Nature , on verra qu'il y en a dans les hommes & dans les animaux ; telles font les pierres de la veffie , des reins , de la véficule du fiel , de l'eftomac , des poumons , du cerveau , des parties charnues & des jointures , &c. enfin les *tophus* ou concrétions tartareufes ou calcaires , qui fe manifeftent fouvent dans les gouteux. Il fe trouve encore dans les animaux d'autres fubftances , auxquelles on donne abufivement le nom de pierres , à caufe de quelques points de conformité ; cependant ce n'en font point : c'eft ainfi qu'on dit *lapides cancrorum , perçarum , carpionum* , parmi lefquels les yeux d'écreviffes fembleroient plûtôt mériter ce nom , à caufe de leur dureté & de leur folubilité dans

les acides, que les autres qui ne
font que des fubftances offeufes.
Il en eft de même du *lapis manati*
ou *auris ceti*, qui n'eft réellement
qu'un os dur, qui fe trouve dans
la tête de la baleine, derriere
l'oreille. On peut encore placer
ici les coquilles, pétrifications,
ou coquilles foffiles, les os pétrifiés, &c.

Il ne fe forme proprement point
de pierre dans le règne végétal;
& c'eft abufivement, & fur la reffemblance, qu'on appelle pierres,
certaines fubftances de ce règne.
Ces pierres prétendues font, ou
du bois, ou d'autres fubftances
végétales, qui fe font pétrifiées par
la fuite. Dans le premier cas, on
appelle quelquefois *pierres*, par
analogie, les noyaux de quelques
fruits, tels que la pêche, la cerife,
le coin, &c. Quant au fecond

cas ; on en a un nombre infini d'exemples dans les bois, les racines, les écorces qu'on trouve pétrifiés ; ces chofes viennent ou du déluge univerfel, ou d'autres inondations particuliéres.

On pourroit encore ranger fous la même claffe les coraux blancs & rouges qui fe forment dans la mer ; car quoiqu'on ne puiffe proprement les appeller des végétaux, & qu'ils ayent été formés par la concrétion de particules vifqueufes, ils ont pourtant la forme d'arbriffeaux & de rameaux ; ils font d'une confiftence molle, lorfqu'on les tire de l'eau, & ne commencent à fe durcir que lorfqu'ils font à l'air ; cependant en confultant leur nature, ils paroiffent devoir appartenir au règne minéral. *

* Il paroît actuellement très-démontré que

Si l'on a égard au prix, les pierres se divisent en *précieuses* & en *communes*. Les pierres précieuses font ou du *premier ordre* ou du *second ordre*. Les pierres précieuses du premier ordre, font le diamant, le rubis, l'émeraude, le faphir, la turquoise **. L'efcarboucle eft un gros rubis : d'autres entendent par ce mot, un gros diamant, & même les Philofophes Hermétiques s'en fervent pour défigner la Pierre Philofophale.

Les pierres précieuses du fe-

les coraux, ainfi que les madrépores, appartiennent au règne animal.

** Des découvertes poftérieures ont fait connoître que la turquoife n'eft point une pierre, mais l'os d'un animal, qui a pris dans le fein de la terre, où il a été accidentellement porté, la couleur qu'on y remarque. C'eft ce que M. de Reaumur a prouvé dans un Mémoire fort étendu. Voyez les *Mém. de l'Académie-Royale des Sciences ann.* 1715.

cond ordre, font le grenat, l'opale, la cornaline, l'améthyfte, l'hyacinte, la topafe, le cryftal de roche, la chryfolite, la Calcédoine, la malachite, l'agate, le jafpe, &c.

Si l'on confulte la tranfparence, les pierres font ou *diaphanes* ou *opaques*, ou *demi-tranfparentes.* Les diaphanes, font le diamant, le cryftal de roche, le rubis, le grenat, le faphir, l'émeraude, l'améthyfte, l'hyacinte, la topafe, la chryfolite, &c. Les pierres opaques, font la turquoife, le jafpe, le marbre, la malachite, &c. Les pierres demi-tranfparentes, font l'opale, la cornaline, l'agate, la Calcédoine, &c.

Si on fait attention à la dureté des pierres, les pierres précieufes tiennent le premier rang, à l'exception de la turquoife, de l'opale

I. Partie. C

& de la malachite ; les cailloux & marbres viennent enfuite : enfin les ardoifes, les pierres marneufes, les gypfes, les albâtres & les pierres à chaux.

Si on s'arrête à l'ufage, on donne plufieurs dénominations aux pierres ; c'eft ainfi qu'on les appelle, pierre à aiguifer (*cos*), pierre de meuliéres (*lapis molaris*), pierre de touche (*lapis Lydius*), pierre à bâtir, &c.

Eu égard aux ufages médicinaux, on divifoit anciennement les pierres felon les maladies dont on croyoit qu'elles guériffoient ; & l'une étoit contre la mélancholie, l'autre contre les avortemens, d'autres pour les maux de tête, &c. mais il y a long-tems qu'on eft revenu de ces préjugés, ainfi que des vertus de la pierre néphrétique ; telle que çelle qui ſe trouve à Zoblitz, dans la carriére de ſerpentine, de l'oſtéocolle, & d'une eſpèce de tuf, (*lapis tophaceus*).

On a encore des dénominations de pierres, tirées de leur odeur ; par exemple, le *lapis fœtidus*, qui, quand on la frotte, répand une odeur d'urine de chat, & qu'on trouve en Scanie. Le *lapis violaceus*, ou la pierre de violette, ſur - tout celle qui ſe trouve en Siléſie, au mont des Géants, ainſi qu'à Altenberg & Zinnwald, qui a l'odeur des fleurs de violette ; le *myrrhinites*, qui ſent la myrrhe, & dont il eſt parlé dans Rumphius, &c.

Quant à la figure, on a les *dendrites*, ou pierres ſur leſquelles on remarque des arbriſſeaux, les *carpolites*, ou pierres qui reſſemblent à des fruits, les *cochlites*, ou pierres

qui reſſemblent à des coquilles ,
&c. auxquelles on donne des
noms de végétaux ou d'animaux
entiers, ou de quelques-unes de
leurs parties. Mais pour parler encore avec plus d'exactitude des
pierres figurées, on les diviſe 1°.
en jeux de la Nature, 2°. en artificielles, 3°. ſelon leur eſſence,
4°. eu égard à leur reſſemblance,
ou par analogie.

Il y a des pierres dont la figure
n'eſt déterminée que par le hazard ou par un jeu de la Nature ;
telles ſont les repréſentations des
plantes que l'on rencontre ſur-
tout ſur les pierres calcaires, ainſi
que ſur d'autres ; elles ſont formées par une matiére très-déliée,
qui, ſous une forme liquide, s'eſt
inſinuée par les petites fentes de
la pierre, & a formé, en ſe ré-
pandant, des branches & petits

rameaux qui se sont attachés aux parois de la pierre. Tel est aussi *l'œil de chat*, pierre ainsi nommée à cause de sa ressemblance avec l'œil de cet animal.

Les pierres figurées artificielles, sont celles à qui l'art des hommes a fait prendre une certaine figure; telle est la *pierre de tonnerre*, qui est ordinairement de la forme d'un coin, percé d'un trou par le côté le plus large; elle est d'un marbre noir ou gris; ce sont des armes dont les Anciens se servoient dans les combats; on les trouve parmi d'autres armes ou ustenciles, dans le voisinage des urnes & tombeaux des Anciens. Voyez *Hermanni Maslographia.*

Les pierres figurées sont par leur essence, entiérement différentes de celles qui ont été faites par

l'art, & de celles qui ſe font par des
jeux de la Nature. Ou elles ſont
formées par des corps des règnes
animal ou végétal, que le déluge,
ou quelques autres révolutions
ont enſévelis ſous la terre. De cette
derniére eſpèce de pierres, il y en
a qui portent encore avec elles,
le corps qui leur a donné leur figure, avec cette différence qu'il
s'eſt changé en pierre ; on les
nomme *pétrifications* ; tels ſont
les bois pétrifiés, les animaux, &
ſur - tout les os pétrifiés. Ou bien
le corps primitif a été entiérement détruit, & il n'en eſt reſté
que le moule ou l'empreinte,
comme on peut voir dans les ar-
doiſes chargées d'empreintes de
poiſſons, de coquilles, de plantes ; tel eſt auſſi le ſquelète de
crocodile de M. Linck : il en eſt
de même des *fongites*, que l'on

appelle mal-à-propos des cham-
pignons pétrifiés; car elles n'en
ont que la forme.

La couleur des pierres leur fait
auſſi donner pluſieurs dénominations différentes, tirées des choſes
auxquelles elles reſſemblent; c'eſt
ainſi qu'il y a une pierre que l'on
nomme *ſerpentine,* parce qu'elle eſt
verdâtre & noire, comme la peau
de quelques ſerpents, & non par
ſa prétendue qualité de réſiſter au
poiſon. Telle eſt auſſi la *ſélénite*
ou le *glacies Mariæ,* ainſi nommée, parce qu'elle eſt d'une couleur argentée, comme celle de
la Lune.

Il y a encore des ſubſtances, que
l'on appelle abuſivement *pierres,*
telles que le jayet, *gagates,* le
ſuccin, le *lapis prunellæ,* qui n'eſt
que du nitre fondu, &c.

La meilleure, mais auſſi la
C iv

maniére la plus difficile de diviser les pierres, feroit de les ranger fuivant leur nature & leur combinaifon effentielle. Il faudroit pour cela faire un grand nombre d'expériences différentes fur les pierres de toutes efpèces ; c'eft ce qui n'a encore été tenté par perfonne *, & ce qu'il m'a été jufqu'à préfent impoffible de mettre en exécution. La nature de l'intérieur, ne fe juge point par l'extérieur, & le coup d'œil ne fuffit pas toujours pour décider de la qualité des pierres ; il ne faut donc s'en rapporter qu'aux rapports qu'elles ont avec d'autres chofes, telles que l'air,

---

* Depuis la mort de l'Auteur, ce qu'il indique ici a été exécuté en grande partie par M. Pott, de l'Académie Royale des Sciences de Berlin, dans fon Ouvrage qui a pour titre *Lithogéognofie*, ou *Examen Chymique des Terres & des Pierres*, dont la Traduction Françoife fe trouve chez *Heriffant*.

l'eau, le feu, & fur-tout les dif-
folvans ou liqueurs acides.

On ne trouve point de différence entre les pierres, en les
examinant par le moyen de l'eau;
car on n'en peut amolir aucune
par la cuiffon. L'air y fait remarquer quelque différence; par exemple, la pierre marneufe qui fe
trouve à Oberau près de Meifen
en Mifnie & ailleurs, fe décompofe, & perd fa liaifon à l'air;
mais fi l'on formoit une claffe
de pierres oppofée à celle qu'on
auroit établie d'après cet examen,
on feroit obligé d'y faire entrer
des pierres d'une nature très-dif-
férente les unes des autres.

L'examen des pierres par le
feu, ne peut point non plus être entiérement fatisfaifant; car fi on
pouffe le feu jufqu'au dernier degré, qui eft celui de la vitrifica-

tion, on trouvera, au moyen du Miroir ardent, que toutes les pierres peuvent fe changer en verre. Il faudroit, en ce cas, les divifer en *faciles* & *difficiles à vitrifier*; car fi un feu ordinaire peut bien vitrifier quelques pierres, il faut avoir recours au Miroir ardent pour produire cet effet fur d'autres, telles que la pierre à chaux, la pierre ponce, &c. mais cette diftinction n'en feroit pas plus réelle, puifqu'elle ne confifteroit que dans le degré feulement. Cependant, en adoptant cette divifion, où les pierres ne font confidérées qu'en ce que les unes font difficiles, & les autres aifées à fondre, on rangera parmi les premieres, 1°. le quartz ou caillou, & fur-tout le cryftal de roche, le grais, & quelques pierres qui ont différentes couleurs qu'elles

perdent au feu, où elles deviennent semblables à un caillou calciné, ou à du cryſtal ; telles ſont
l'améthyſte, la topaſe enfumée,
& la fauſſe topaſe de Saxe ; ces
pierres n'ont que la dureté du cryſtal. 2°. Le *ſilex (hornſtein)* ; de
cette eſpèce, ſont les pierres détachées qui ſont répandues dans
les champs, les cailloux dont on
fait les pierres à fuſil, &c. On
peut y joindre auſſi la pierre de
corne, qui ſe trouve dans les filons & fibres des mines, & qui
eſt ou brune, ou rouge, ou jaune, ou blanche, ou bleuâtre, ou
noirâtre, à laquelle on a donné
d'autres noms, & qu'on a appellée ou *jaſpe*, ou *agate*, &c.
3°. Toutes les pierres détachées,
ou en rognons, ou par couches,
comme l'agate, l'onyx, la cornaline, l'opale de ce pays, la Cal-

cédoine, &c. qui ont de la reffemblance avec le filex, & font
comme lui dures, compactes, &
fufceptibles de poli.

Les pierres faciles à fondre,
font, 1°. la pierre à chaux, qui
eft directement l'oppofée du caillou, la pierre puante, (*lapis fœtidus*), la belemnite, & le marbre
qui doit être tendre & doux pour
le travail. 2°. L'albâtre, qui ne
différe de la pierre à chaux, qu'en
ce qu'il ne s'échauffe point auffi
fortement, & qu'il fe lie plus
promptement ; on peut mettre
dans ce rang, la chaux vive ; c'eft-
à-dire, la pierre à chaux calcinée,
le plâtre ou l'albâtre calciné, &c.
3°. Le fpath, qui eft une pierre
qui tient le milieu entre la pierre
à chaux & le caillou ; d'où il arrive
qu'il ne fe calcine pas fi bien que
la pierre à chaux ; il ne perd que fa

liaison au feu ; néanmoins il participe plus de la nature de la pierre calcaire que de celle du caillou. Le spath miroité , c'est-à-dire, qui se partage en feuillets luisans , est aussi de cette espèce. Le *glacies Mariæ*, qui se sépare en feuilles ou lames fort grandes ; la sélénite ou *pierre de Lune*, dont le nom semble lui avoir été donné à cause de sa couleur blanche comme celle de la Lune. Les *fluors* blancs , gris, noirs, jaunes, rouges, verds ou bleus , tels qu'on en trouve abondamment dans les filons des mines de cuivre , d'étain , de plomb & d'argent; ces *fluors* sont avantageux dans l'exploitation des mines , parce qu'alors , la mine porte son fondant avec elle. Dans plusieurs mines de fer, il se trouve une substance minérale , noire, très-aisée à fondre, dont

on fait du verre noir, des boutons ; ce qui la fait appeller pierre
à boutons (*knopffstein*). 4°. Les
stalactites, qui ne sont composées
que d'une terre calcaire ou spati-
que, que les eaux des souterrains
ont entraînée dans leurs cours,
& qu'elles ont ensuite déposée
dans des endroits où il s'en est
fait des amas, qui ont pris, avec
le tems la consistence & la dureté
d'une pierre ; on les appelle quelquefois tuffes (*tophus*) ; ce qui
signifie *nœud*, sur-tout lorsqu'elles
paroissent pleines de nœuds ou de
mammellons. 5°. L'ardoise qui paroît contenir du bitume, & sur-
tout de la mine de cuivre : on
sçait que l'ardoise cuivreuse,
quand elle ne contiendroit qu'une
livre de cuivre au quintal, ne
peut être traitée au fourneau
qu'après avoir été grillée ; ce qui

lui fait perdre fa partie volatile, fans qu'il foit befoin de la laver ni de l'écrafer. On fçait auffi que les maifons couvertes d'ardoife, font plus en danger que les autres, en cas d'incendie.

L'examen des pierres, par les acides, feroit peut-être celui qui fourniroit la meilleure diftribution des pierres, fuivant leur nature & leur compofition ; en effet, il y a des pierres qui fe diffolvent, par exemple, dans l'acide du fel marin : telles font la pierre à chaux & la pierre gipfeufe, foit avant, foit après qu'elles ont été calcinées, tandis que d'autres pierres n'éprouvent aucune altération, ni de cet acide ni d'aucun autre.

Ceux qui appellent *alcalines*, les terres & pierres qui fe diffolvent dans les acides, & y font

effervefcence , feront tentés de
former une claffe de pierres alcalines ; mais premiérement il feroit
difficile de donner une dénomination oppofée aux autres pierres
qui n'ont pas les mêmes propriétés ; joint à ce que cela ne s'ac-
corderoit point avec la définition
d'un alcali , fuivant laquelle il
faut que ce foit un fel ; & qu'un
fel eft foluble dans l'eau , & paffe
au travers d'un filtre ; ce qui ne
paroît point convenir à une pierre.

Cependant, l'examen des pierres par les acides , donne affez de
fondement à une diftinction des
pierres , en *pierres calcaires* , & pierres non-calcaires;fur-tout fi l'on fait
attention à l'analogie que met entre toutes les premieres,la propriété d'être calcinées dans le feu , &
de s'éteindre à l'air & dans l'eau.

Enfin , pour effayer de ranger

les pierres en claſſes, nous en donnerons la diviſion ſuivante, à laquelle on ne s'arrêtera que juſqu'à ce qu'on ſoit mieux inſtruit.

Les pierres ſont, ou calcaires, (*calcarei*), ou de la nature du caillou, (*ſilicei*), ou elles participent de la nature calcaire & de celle du caillou, (*calcareo-ſilicei*), ou elles ſont limoneuſes (*limoſi*).

Les pierres calcaires, ſont la pierre à chaux, dont on ſe ſert pour bâtir, & l'albâtre (*alabaſtrites*).

Les pierres de la nature du caillou, (*ſilicei*) ſont 1°. toutes les pierres précieuſes, tant du premier que du ſecond ordre. 2°. Les cailloux, & le grais qui n'eſt compoſé que d'un aſſemblage de petits cailloux.

Parmi les pierres (*calcareo-ſilicei*) qui participent de la nature calcaire, & de celle du caillou, on peut compter le spath, le talc, le *glacies Mariæ*, le mica, la stalactite blanche, & ce qu'on appelle *flos martis* ; en effet ces pierres se calcinent comme la pierre à chaux, répandent, lorsqu'on les éteint dans l'eau, une odeur d'*hepar sulphuris* ; mais ne peuvent servir ni de chaux ni de plâtre.

Les pierres limoneuses (*limosi*) diffèrent entièrement des deux espèces qui précédent ; elles ont pour base une terre visqueuse ou grasse ; telle est l'ardoise qui paroît avoir été formée par une substance gluante, *kneis*, qui n'est ni pierre à chaux, ni spath, ni caillou ; la pierre marneuse, qui est formée par la marne.

Souvent il se présente des pierres qui sont composées de deux de ces espèces ; telles sont le *knauer* ou roc vif, les roches ou granites, qui ne sont qu'un assemblage de petites couches de caillou, de spath & de mica, amoncelées les unes sur les autres. *

* Si le Lecteur desire un plus grand détail sur les pierres, il n'aura qu'à consulter un Ouvrage Latin, de l'Auteur, qui a pour titre : *De Lapidum origine.*

CHAPITRE VI.

Des Mines, Métaux & Minéraux.

ON comprend sous le nom de *Minéraux*, tous les corps qui se trouvent dans le sein de la terre, ne sont d'une nature ni végétale ni animale, & n'en ont point les propriétés; tels que les terres, les pierres, les sels, les mines, les métaux, & les pé-trifications des deux autres règnes.

A parler strictement, la déno-mination de fossiles ne s'étend pas aux mines & aux métaux, quoiqu'on les tire du sein de la terre; elle ne s'applique qu'aux terres, &c. & surtout aux pierres figurées & aux autres substances pétrifiées.

Par mines, on entend proprement les terres & pierres que le Mineur nomme *minerais*, & dont on obtient des métaux & des demi-métaux, par les travaux de la Métallurgie; telles font les mines d'argent rouges, la mine de plomb ou galene, la mine d'étain, &c. Quoiqu'il n'y ait prefque pas une terre & pierre minérale entiérement dépourvûe de parties métalliques, cependant on ne peut point donner à toutes le nom de *mines*; l'on auroit tort, par exemple, de donner le nom de mine à l'ochre rouge (*rubrica*), parce qu'on y trouve une trace légére de fer; il eft donc difficile de pouvoir déterminer quand il faut commencer à donner le nom de *mine* à une terre ou pierre. De valoir la peine d'être fondue, n'eft point une regle sûre, pour donner à une substance le nom de *mine*; car cela dépend des frais, du tems, des lieux, des Ouvriers, &c. le plus sûr, est cependant d'y avoir égard; & l'usage est établi d'appeller ces substances *des mines*.

La division des mines se fait en consultant ce qu'elles contiennent; c'est-à-dire, suivant les sept métaux, les sels, le soufre, l'arsenic, l'orpiment, &c.

Suivant les métaux, il y a:

I.

Des Mines d'Or.

LES mines d'or, sont, 1°. l'or natif ou l'or vierge, qui se trouve sur-tout dans le quartz blanc, &c. 2°. le sable qui contient de l'or, 3°. l'argile qui contient de l'or, 4°. la pyrite d'Hongrie, qui contient de l'or, 5°. la mine d'or, merde d'oye, d'Eule en Bohême, dans laquelle ſe trouve auſſi de l'or vierge; 6°. les grenats rouges, qui ſont des pierres précieuſes; ils contiennent auſſi de l'étain; 7°. les grenats noirs & ferrugineux, tels que ceux qu'on trouve à Allenſtadt près de Hohnſtein en Saxe.

L'or qui ſe retire par le lavage, eſt toujours auſſi pur que celui qui ſe trouve dans les fibres ou filons des mines; jamais il n'eſt pâle; par conſéquent il n'eſt pas mêlé avec beaucoup d'argent; il eſt ordinairement dégagé de toute ſubſtance étrangére.

Il y a des gens qui prétendent qu'il y a des mines d'étain & des mines de fer par fragmens détachés, parmi leſquelles il ſe trouve de l'or natif, mais que cela eſt fort rare ; ce qu'il y a de certain, c'eſt qu'on n'a jamais entendu dire la même choſe d'aucune autre mine.

L'or de lavage, quand le ſable ou le limon dans lequel il étoit répandu, en a été ſéparé par la ſibile, s'attache ordinairement à des petits grains bruns ou noirs, de fer, qui ſont fort déliés, & attirables par l'aiman; on les nomme *eiſenram* en Allemand. Cela n'arrive point par un effet du hazard; mais ce phénomene ſemble indiquer une affinité entre l'or & le fer. Nous en avons des exemples dans l'or qui ſe tire de la riviére de Trau, près de Marburg en *Styrie*, & de celle de Goldſche, près de Lengefeld.

L'or de lavage eſt auſſi pur dans les pays les plus froids, que celui qui ſe trouve dans la Zone torride.

de. C'eſt ainſi que l'or de Lengefeld en Voigtland, celui de Guinée, celui de Samra, & d'Ohren-
bourg en Ruſſie, ſont au même
titre.

En général, on croit que l'or
de lavage n'eſt qu'en petites paillettes, qui ont été détachées de
plus grandes maſſes par le courant
des eaux; mais 1°. pourquoi ne
trouve-t-on point de l'or de lavage
à nud? 2°. On devroit auſſi le trouver attaché à ſa matrice ou gangue. 3°. Sur la Côte de Guinée,
on trouve de l'or en maſſes qui
peſent depuis une dragme juſqu'à
un marc, & depuis un pied juſqu'à quatre pieds de profondeur,
dans un pays plat, & ſans qu'on
voye ni éminence, ni montagne,
ni riviéres à une grande diſtance.

Ce que l'on nomme *les grenats
d'or*, ne ſont proprement que des

grains noirs de mine de fer, attirables par l'aiman, que l'on trouve détachés à la surface & dans
la première couche de la terre,
dans du sable ou de la glaise, &
que les riviéres & ruisseaux nous
font découvrir. Il seroit très difficile de décider si l'or dont ils ne
contiennent qu'un très-petit soup-
çon, y est pur & tout formé, ou
s'il y est minéralisé; il y a des gens
qui prétendent que les vrais grenats qu'on met au nombre des
pierres précieuses, qui sont aussi
attirables par l'aiman, comme
on l'éprouve lorsqu'ils ont passé
par le feu de fusion le plus violent, contiennent aussi une portion d'or; mais je n'y en ai jamais
pû découvrir : en général, il faut
se défier de cette prétention, parce qu'elle est ordinairement faus-
se, & qu'on auroit des peines in-

finies, & qu'il y auroit de grands frais à faire pour tirer l'or.

L'or est tout pur, lorsqu'il est en paillettes ; mais elles sont si imperceptibles qu'il faut l'aide du microscope pour les découvrir ; & il est quelquefois dans un état de division si grand, qu'il peut être entraîné & masqué dans des substances minérales. C'est pourquoi, lorsque le feu fait découvrir de l'or qu'on ne pouvoit point distinguer à l'œil dans des pyrites, telles que celles qu'on a découvertes depuis peu dans des filons de cuivre à Smaland en Suede ; il ne s'ensuit pas qu'il y soit en un état de minéralisation, d'autant plus que le quartz dans lequel on distingue l'or visiblement , est mêlé avec la pyrite en question.

Autant que l'expérience a pû le faire connoître, ce n'est point le foufre, mais l'arfenic, qui met l'or dans l'état de minéral. En effet, les mines d'or dans lefquelles ce métal ne fe trouve pas accidentellement, comme dans l'argent, & qui ne contiennent point du tout d'argent, font toujours arfenicales, & les terres en font toujours martiales : telle eft celle de Goldefel en Siléfie, celle de *Lampertus* à Hohenftein en Mifnie, une autre de Hongrie, celle de Golderonach dans le Marggraviat de Bareuth, de Gaf tein dans l'Archevêché de Saltz bourg, &c. Toutes ces mines n contiennent point d'argent, & l'on ne peut y diftinguer l'or quoiqu'on en tire une portio affez confidérable.

Les mines d'argent dans le quelles l'or fe trouve accidente lement, font auffi ordinaireme arſenicales ; telles ſont la mine d'argent rouge de Hongrie, celle Braunsdorff en Saxe, qui eſt accompagnée d'une mine arſenicale blanche, que l'on nomme *mine blanche* ; la mine d'argent griſe, comme celle de Santo-Carlo en Sicile. Toutes ces mines abondent en arſenic ; joignez à cela qu'il ſe trouve quelquefois de l'or natif ſur la mine blanche d'arſenic, ou pyrite arſenicale, appellée *miſpikkel*, comme il y en a des exemples dans celles qui ſe trouvent à Eule en Bohême, & à Goldſthal en Thuringe : la même choſe n'arrive point à l'argent ; ſur quoi il faut obſerver qu'il ne ſe trouve point d'or ſur le cobalt dont on tire le bleu ; comme le cobalt ne contient point une portion de fer ſenſible, quoiqu'il y ait lieu de croire que ſa couleur bleue vient

D iij

de particules ferrugineuses *; on
peut conclure de - là quelle est
l'analogie qui se trouve entre le
fer & l'or, pour la nature de la
formation.

Le filon de mine de plomb de
Tristia en Transylvanie passe pour
tenir de l'or ; mais à en juger par
les morceaux que j'en ai vûs, il
paroît que l'or s'y trouve tout formé & pur, & il n'est point décidé
qu'il entre dans la composition de
la galene ou mine plomb.

Jusqu'à présent, on a toujours
regardé le quartz comme la matrice de l'or ; & la pierre qu'on
nomme *ardoise* à Gastein, est un
quartz gris, sur lequel l'or est attaché ; ce quartz est coupé en feuil-

---

* Cette couleur bleue ne vient point du fer,
mais elle est dûe au cobalt seul, attendu que
le caractère principal de ce demi-métal, est
de donner une couleur bleue au verre. Voyez
la note sur le n°. IX. qui traite du cobalt.

lets ou petites couches déliées, par une fubftance talqueufe, à laquelle on donne le nom d'ardoife. Il eft certain que l'or n'a point autant de matrices différentes que l'argent ; cependant on trouve près du filon de mine d'or de Gaftein une pierre calcaire ou fpathique, dans laquelle l'or s'eft infinué ; peut-être eft-ce le *faxum commune* de la veine d'or.

L'or qui contient beaucoup d'argent, tel que celui de Triftia, ce qui le rend fort pâle, s'appelloit *Electrum* chez les Anciens ; cependant, fuivant Pline, il n'eft pas néceffaire qu'il y ait toujours un cinquiéme d'argent : la portion peut y être plus ou moins grande. On appelle la mine de ce genre, *minerale immaturum*, & on ne la regarde que comme un embryon qui feroit

parvenu à une plus grande perfection ; c'eſt-à-dire, qui ſe ſeroit
entiérement changé en or , s'il
avoit ſéjourné plus long - tems
dans ſa matrice.

I I.

Des Mines d'argent.

LES mines d'argent ſont, 1°.
l'argent natif, qui ſe trouve dans
le quartz, le ſpath, la pierre de
corne, le *Kneis*, ſous la forme de
petites lames, de cheveux & de filets. 2°. La mine d'argent vitreuſe, dont un caractère eſt de pouvoir être taillée comme le plomb.
3°. La mine d'argent rouge claire, qui eſt d'un rouge vif, & tranſparente comme le rubis. 4°. La
mine d'argent d'un rouge brun
ou foncé, comme celle qu'on
trouve à Braunsdorff, près de la mine d'antimoine. 5°. La mine d'argent blanche, qui eſt d'un gris ſem-

blable à celui de la mine de cobalt. 6°. La mine d'argent grife, qui eft d'un gris plus foncé que la pré-cédente, mais qui n'eft point fi riche d'argent. 7°. Le cobalt, qui ne contient point toujours de l'argent, quoique celui de la Croix en Lorraine en contienne quelques marcs au quintal.

La galene ou mine de plomb cubique, la pyrite, la mine de cuivre, &c. contiennent auffi de l'argent, mais ce n'eft qu'acci-dentellement ; c'eft pourquoi on ne peut point proprement les met-tre au rang des mines d'argent ; on en parlera donc à leur place ; c'eft-à-dire, aux mines de plomb, de fer & de cuivre.

Jufqu'à préfent on n'a jamais trouvé ni de l'argent natif, ni de la mine d'argent dans la premié-re couche de la terre ; ces chofes

D v

ne fe trouvent point non plus en morceaux détachés, ou en marons, ce qui met une différence notable entre les métaux parfaits, & les métaux imparfaits. Comme il n'eft point rare de voir des filons de mine d'argent venir jufques fous la premiére couche de terre, & même fous le gazon, il y a lieu d'être furpris que les inondations & les torrens n'en détachent & n'en entraînent point quelque chofe, comme cela a dû arriver à l'or qui fe retire par le lavage. Cependant je me rappelle avoir vû une efpèce de pierres grifes, affez dures & mêlées d'un peu de *mica*, qui tenoient 1 $\frac{1}{2}$. once ou 2. onces d'argent, quoiqu'on n'eût point lieu d'y en foupçonner.

L'argent natif fe montre fous la forme de cheveux, de laine, de fils, de lames, de ramifications ou d'arbriſſeaux ; il eſt très-rare de le trouver en poudre.

L'argent ſe trouve dans toutes les pierres connues, telles que le quartz & ſur-tout le ſpath, dans le jaſpe, nommé par les Mineurs *pierre de corne*, dans l'ardoiſe ; dans le grais, mais cela eſt rare ; dans les pierres qui ſervent aux bâtimens ; dans le *Kneiſs* ; dans les couches de pierres des montagnes au travers deſquelles les filons métalliques ont leur cours ; & non-ſeulement ce métal ſe trouve dans les fibres ou rameaux qui partent du filon principal, mais encore on le rencontre à côté, & quelquefois même dans la roche vive, à une diſtance aſſez conſidérable du filon & de ſes rameaux.

Parmi les minéraux, on trouve l'argent natif, fur-tout dans le cobalt, dans la mine d'argent vitreufe, dans la mine d'argent d'un rouge foncé, dans la mine de fer & fes dépendances ; enfin, dans la mine d'étain, où l'on rencontre de l'argent natif, de même que fur l'ardoife bitumineufe ; mais ce dernier cas eft rare.

On a trouvé de l'argent natif fur une autre mine d'argent, telle que la mine d'argent vitreufe, auffi - bien que fur d'autres fubftances pierreufes, telle que la ftalactite, comme à Schneeberg, dans de l'ochre jaune & brune, telle que celle de la mine de *Sieg fried*, à Braunsdorff. Il y a quelques années que l'on a trouvé au Hartz, une efpèce d'argent natif, qui extérieurement avoit un œil rougeâtre, mais qui dans l'endroit nouvellement caffé étoit grifeâtre, & n'étoit presque que de l'argent pur dans toute son épaisseur. Il y a quelques années que l'on trouva pareillement dans la mine du Saint-Esprit, dans une druse en cryſtalliſations, de l'argent natif en filet, qui reſſembloit par ſa couleur au plus bel or natif, & qui, ſelon les apparences, avoit reçu cette couleur des exhalaiſons minérales.

La mine d'argent merde d'Oye d'Ehrenfriederſdorff, n'eſt proprement qu'une terre d'un jaune pâle, quelquefois brune, remplie de filets d'argent natif, & qui outre cela, quand elle a été bien battue & lavée, donne quelques marcs d'argent. d'autres ont appellé de ce nom un minerai, d'un gris tirant ſur le verd, comme les excrémens des Oyes, qui contient de l'argent ;

mais on entend communément
par cette dénomination, la mine
riche, qui vient d'être décrite,
qui contient de l'argent natif,
qu'il est si aisé de remarquer,
qu'on la nomme quelquefois *Ba-*
ver-ertz (mine de Payfan), parce
que même les gens les plus grof-
fiers peuvent y reconnoître ce
métal.

L'argent natif ne contient jamais de l'or, au lieu qu'il est rare que l'or natif foit entiérement
dégagé d'argent.

La mine d'argent vitreufe a
été ainfi nommée à caufe de fon
éclat, qui la fait reffembler à du
verre ; peut-être celui qui a donné ce nom à cette mine avoit-il
rencontré une mine de cette efpèce , de différentes couleurs.
Quand la mine d'argent vitreufe
eft pure, c'eft-à-dire, qu'elle n'eft

composée que d'argent & de soufre ; elle est ductile & mal-léable ; mais lorsqu'il est arrivé à quelqu'autre substance de s'y joindre, elle devient friable & cassante ; cependant les fragmens en sont toujours ductiles, telle est celle qui se trouve actuelle-ment près d'Annaberg, dans la mine de Barenstein ; ou bien elle est tout-à-fait aigre & cassante, comme celle de la mine de Jordan, à Joachimsthal, qui est en crystallisations brillantes ; il y a lieu de soupçonner que c'est l'arsenic qui lui donne cette qualité. Cette mine, dans ses crystallisations, a des crystaux irréguliers, à huit côtés ou plus ; quelquefois elle ressemble à un fil contourné, comme l'argent natif en filets ; souvent elle se trouve en lames ou feuillets dans les fibres, ou

petites veines étroites, & même
au milieu du roc.

Souvent dans des filons qui
font riches, & fur-tout à Freyberg & à Schemnitz en Hongrie,
on trouve un minéral gris, en-
tremêlé de fpath, de quartz &
d'autres fubftances pierreufes; on
ne peut l'appeller ni mine d'argent grife, parce qu'il ne contient
point de cuivre, & qu'il eft très-
riche en argent ; ni mine de cobalt, parce qu'il n'eft que très-
peu arfenical ; ni mine d'argent
rouge, parce qu'il n'eft point
rouge ; ni mine d'argent natif,
parce qu'on n'y en voit point de
tel, quoiqu'il contienne beaucoup de ce métal ; ni mine *d'argent vitreufe*, puifque l'on prétend qu'une mine doit, pour mériter ce nom, pouvoir fe couper au
coûteau; c'eft cependant fous cette

efpèce de mine qu'il faut le ranger ; car on le rencontre dans les petites veines ou fibres qui accompagnent le filon ; & fi l'on en fait l'examen, on le trouve riche en argent & contenant du foufre.

Il y a encore un minéral blanc & ductile, que l'on peut tailler avec le coûteau, mais qui n'a point d'éclat, & que cependant on nomme *mine vitreufe blanche* ; on la trouve ordinairement par écailles arrondies ; il s'en rencontre auffi en maffes de quelques livres ; on en peut voir un morceau dans le cabinet de Drefde. Cette mine reffemble par fa couleur, fon tiffu & fa tranfparence à la *Lune cornée* ; auffi la nomme-t-on *mine de corne*, ou *argent corné*, qu'il ne faut point confondre avec la pierre de corne. On pourroit l'appeller *Lune cornée-native*, quoique jufqu'à préfent on n'ait encore pû découvrir les principes qui entrent dans fa compofition, qui doivent être bien purs. A l'intérieur, cette mine paroît fale & terne, couverte, d'une efpèce d'enduit de rouille & de matiére étrangére, qui en gâteroit le coup-d'œil; mais il eft aifé de la reconnoître à fa flexibilité, & par la facilité que l'on a à la coùper.

En Hongrie on nomme la mine d'argent vitreufe, *mine d'argent natif*, parce qu'elle ne contient prefque que de l'argent pur, attendu que le quintal fournit $\frac{9}{10}$ d'argent & $\frac{1}{10}$ de foufre. La mine d'argent vitreufe fe trouve fouvent dans de la mine de fer, ou de l'ochre jaune; rarement dans la mine de cobalt - teftacée ou par écailles, où la mine d'argent rouge fe trouve plus communément.

La mine d'argent rouge eft d'un rouge vif & en cryftaux, dont les extrémités font tranfparentes, ou d'un rouge foncé qui cependant devient plus clair quand on écrafe ou frotte la mine. On la diftinguera du cinnabre, 1°. par la couleur extérieure ; dans la mine d'argent rouge, elle reffemble à celle du grenat & du rubis, ou elle tire fur le pourpre ; au lieu que le rouge du cinnabre tient plus de la couleur de brique aurore, comme le *minium* & l'arfenic rouge, fur-tout celui du Japon, qui eft en cryftaux & un peu tranfparent ; mais qui ne l'eft cependant point, à beaucoup près, autant que la mine d'argent rouge. 2°. En l'écrafant ; car plus on triture la mine d'argent rouge la plus tranſparente, moins la couleur en devient belle ; au lieu qu'en faiſant la même choſe au cinnabre, on en rend la couleur infiniment plus vive. La mine d'argent, d'un rouge clair, con-tient ordinairement de 120. à 124. marcs d'argent au quintal ; celle qui eſt d'un rouge foncé ne donne point un produit ſur lequel on puiſſe compter auſſi ſûrement ; la premiére ne contient que de l'argent & de l'arſenic ; la derniére contient, outre cela, du ſoufre. La mine d'argent rouge, que les Alchimiſtes recher-chent tant, eſt l'eſpèce la plus pure ; mais leur intention eſt une folie.

Ce que quelques gens appel-lent mine d'argent rouge, *non mû-re*, eſt l'arſenic rouge natif, tel qu'il s'en trouve à Joachimfthal ; c'eft une combinaifon d'arfenic & de foufre, dont jamais il ne peut venir autre chofe.

Parmi les minéraux métalliques, la mine d'argent rouge fe trouve fur-tout jointe avec le cobalt-teftacé, ou arfenic par écailles, & le cobalt dont on fait la couleur bleue. Elle s'eft unie à Freyberg, à la mine de plomb, à la mine de cuivre, (mais cela eft rare), à la mine d'antimoine, comme on peut le voir à Braunsdorff, ce qui n'arrive que rarement, ou point du tout ailleurs. Il s'en trouve auffi dans les filons de mine d'étain, lorfqu'un filon de mine d'argent vient à s'y joindre, ou à les croifer ; je ne fçache point qu'il y ait d'exemples de mine d'argent rouge dans du cinnabre.

On prétend que la mine d'argent rouge de Hongrie contient de l'or ; c'est un fait que je n'ai point encore vérifié, faute de morceaux ou d'échantillons affez purs.

La mine d'argent, d'un rouge clair, ne s'altére par aucune viciffitude de l'air; mais celle qui eft d'un rouge foncé fe décompofe quelquefois, & l'on remarque qu'à la longue il fe montre de l'argent natif à fa furface ; cependant ce n'eft point une règle générale : il refte à fçavoir s'il n'y a pas quelque chofe de caché dans la mine de cette efpèce, qui caufe ce mouvement interne, & qui met en action les principes dont la mine d'argent rouge eft compofée ; d'ailleurs, pour faire cette expérience, il faut plufieurs années, une difpofition d'air & de climat particuliére, & obferver avec soin si la mine perd de son poids ; dans ce cas, ce seroit l'arsenic & le soufre qui s'en seroient dégagés.

La figure des crystaux de la mine d'argent rouge est ordinairement celle d'un prisme à six côtés, qui porte une pyramide à son extrémité. Le tissu n'en est point feuilleté comme dans le cinnabre naturel ; ni fibreux ou en filets, comme dans le cinnabre artificiel ; ni en aiguilles ou stries, comme dans l'antimoine ; ni par écailles, comme dans le cobalt-testacé : elle se rompt en morceaux irréguliers, sans affecter de figure particuliére Elle ne se trouve jamais sur de l'argent natif, comme il arrive souvent à la mine d'argent vitreuse.

La mine d'argent blanche, est proprement une mine d'argent

d'un gris clair ; quand elle eſt bien pure, elle contient 14 marcs d'argent ; telle eſt celle qui ſe trouve dans la mine de Himmelsfurſten , près d'Erbiſdorf. Elle contient auſſi un peu de cuivre, d'arſenic & de ſoufre ; mais il eſt difficile d'en déterminer les proportions. Il s'en trouve une eſpèce à Braunsdorff, qui eſt plus blanche qu'à l'ordinaire ; elle reſſemble au *miſpikkel* , ou à la pyrite d'arſenic blanche ; outre l'argent, elle contient de l'arſenic & du fer ; on la nomme dans cet endroit *mine d'argent blanche* ; elle donne communément 2 onces d'argent. Dans la mine de Halſbruck il y a une mine d'argent, qu'on nomme *blanche* , & une autre qu'on nomme *noire* ; mais ces couleurs ne viennent que de la pierre qui les accompagne ;

c'eſt

c'eſt un quartz tantôt clair , & tantôt noirâtre ; il n'y a point d'autre différence.

Dans la mine de Brande, & d'autres mines riches, on ſe ſert de la dénomination de *mine d'argent blanche* , pour indiquer le mêlange de pluſieurs différentes mines riches, qui ſont tellement confondues que l'œil ne peut y diſtinguer ni la mine d'argent rouge , ni la blanche, ni la mine vitreuſe, ni même l'argent natif ; pour lors les ſubſtances qui entrent dans la combinaiſon des mines riches, comme ſont l'argent, l'arſenic, le ſoufre & le cuivre , ſe trouvent mêlées dans des proportions, telles que le tout qui en réſulte, ne reſſemble à aucune des mines d'argent qu'on vient de décrire, joint à ce qu'il s'y trouve des ſubſtances noires,

I. Partie. E

décompofées, femblables à de la fuie, qui ne font rien moins que blanches, ni même grifes ; ce qui n'a point empêché de conferver à la mine, le nom de mine *d'argent blanche.*

Au Hartz, & fur-tout à Andreafberg, on donne ce nom à une mine d'un gris foncé, affez riche en argent, puifqu'elle tient cinq marcs & plus ; mais elle doit être placée parmi les mines d'argent grifes. A Strafburg, au Hartz, il fe trouve une mine d'argent grife, qui tient 25 marcs & 2 onces d'argent, ce qu'on ne croiroit pas en la voyant ; elle eft entremêlée de mine de cuivre jaune, ou de pyrite cuivreufe, ce qui doit la faire nommer à jufte titre mine d'argent grife ; fi on ne confultoit que fa richeffe, on devroit l'appeller mine d'argent blanche, *de valeur,* ou précieufe.

On voit par-là, qu'à moins de connoître déja parfaitement la nature du filon que l'on exploite, il eſt très-difficile, ſans eſſai, de pouvoir dire, à la ſimple vûe, la quantité d'argent contenu dans les différentes mines de cette eſpèce ; je ne dis pas à peu de choſe, mais même à des onces & des marcs près. On a encore plus de peine à déterminer la quantité d'argent contenu dans les mines d'argent griſes & blanches, en la comparant à celle qui eſt dans les mines de cobalt ; d'autant plus que ces dernieres différent conſidérablement entre-elles à cet égard.

Quant aux mines de cobalt foncées, il eſt aiſé de les diſtinguer des mines d'argent blanches, & même des griſes ; mais il faut beaucoup d'attention pour ne pas confondre les mines de cobalt claires, avec la mine d'argent blanche; cependant la différence ſe fera ſentir, ces derniéres mines de cobalt étant réellement plus blanches, & tirant un peu ſur le rouge, comme le biſmuth ou la pyrite arſenicale; au lieu que la mine d'argent blanche tire plus ſur le gris, ſans parler des cryſtalliſations cubiques, à côtés abbatus, & d'autres ſignes qui accompagnent ſouvent le cobalt. Mais comme perſonne n'a vû tous les cobalts de la terre, c'eſt à l'eſſai qu'il faut avoir recours pour en parler avec certitude. Il eſt très-difficile de connoître combien le cobalt tient d'argent. Celui qui eſt très-pur n'en a point du tout; & lorſqu'il s'y en trouve, cela vient de mines d'argent, qui y ſont mêlées très-ſubtilement.

La mine d'argent grife foncée, n'eft proprement qu'une mine de cuivre d'un gris obfcur ; auffi fe trouve-t-elle communément près de la mine de cuivre jaune ; & quand on la confidére avec attention, on trouve que cette derniére mine y eft répandue. Il y a des Minéralogiftes qui appellent mine grife une mine de cuivre, n'ayant égard qu'à ce dernier métal, foit parce qu'elle ne contient que peu d'argent, foit parce qu'ils n'en connoiffent point la quantité ; & quelquefois ils fe fervent de ce nom, lors même qu'elle en contient jufqu'à un marc ; quoi qu'il en foit, il eft plus à propos de placer cette mine parmi les mines d'argent.

Ce qui met une différence confidérable entre la mine d'argent d'un gris foncé, & la mine

de cuivre vitreufe, c'eft la quantité d'argent qui y eft contenue ;
en effet la mine de cuivre vitreufe donne au plus une demi-once à une once & demie d'argent,
au lieu que l'autre , fuivant des
rapports exacts qui nous ont été
faits , a donné jufqu'à 24 ou 25
marcs ; il eft vrai que pour lors on
veut lui donner le nom de mine
d'argent blanche *de valeur*.

Les mines d'argent noires font,
1°. la mine vitreufe, 20. la mine
en plume, 30. la blende, 4°. la
mine qui reffemble à de la fuie.

La mine d'argent vitreufe fe
diftingue aifément de la mine de
plomb par fa couleur.

La mine en plume qui fe trouve en plufieurs endroits des mines de Saxe, reffemble à un amas
de petits filets noirs ; c'eft par
abus qu'on la nomme mine d'an-

timoine ; elle n'eſt point trop connue, elle contient 2 onces d'argent. Il entre du ſoufre & de l'arſenic dans ſa compoſition, comme on peut voir par l'orpiment
qui y eſt joint. Pour moi je n'ai
pû, à cauſe de la rareté de cette
mine, en faire l'eſſai & ſçavoir ſi
elle contenoit du régule d'antimoine ; cependant l'orpiment &
l'argent qui y ſont contenus, ſont
une preuve que ce ne peut être
de l'antimoine.

La blende dans les mines riches de Freyberg, contient depuis
quelques onces juſqu'à un marc
d'argent ; il faut diſtinguer cette
mine de la blende groſſiére, dont
il ſera parlé en ſon lieu. Quand
elle contient plus d'argent, cela
vient de ce qu'elle eſt entre-mêlée d'autres mines plus riches ; on
y trouve, outre cela, un veſtige

de soufre & d'arsenic, sur-tout
dans le *mica* ferrugineux réfractaire ; c'eſt en quoi la blende
dont il eſt ici queſtion s'accorde
avec la blende groſſiére.

La mine en ſuie eſt une ſubſtance noire, très-tendre ; on la
trouve ordinairement dans les cavités ou creux, qui ſont dans les
filons riches ; on la regarde comme les reſtes d'un minéral qui
a été décompoſé & détruit par
les prétendus feux ſoûterrains, ou,
pour parler plus juſte, par les exhalaiſons minérales ; mais comment pouvoir décider, ſi on n'a
point vû opérer la nature dans
ſes atteliers ?

Il y a quelques autres mines
d'argent, qui reſſemblent plutôt
à de la terre ou de la pierre, qu'à de
la mine : les principales parmi les
terreuſes ſont, 1°. les *jaunâtres*

que les Allemands nomment *Gil-*
ben ; elles font ou tendres ou dures : les premiéres fe rencontrent
ordinairement au milieu d'une roche , dans le voifinage des filons
riches ; telles font celles qu'on
trouve dans la mine de Himmels-
furften , à Erbisdorf & à Obers-
chona : ces fubftances , outre l'argent natif qu'on peut en retirer par
le lavage , contiennent encore
fouvent quelques onces d'argent ;
elles découlent quelquefois dans
les galleries des foûterrains , fous
la forme de *guhrs* , par les fentes
& fibres des filons. Les *dures* font
accompagnées de fubftances pierreufes. 2°. Les *brunes* ; il eft plus
rare de les trouver fous la forme
d'une terre que les jaunâtres ;
elles font ordinairement pierreufes , & même de la nature de la
pierre de corne ; c'eft-à-dire , du

jafpe. 3°. Les *rouges* ; il s'en eſt trouvé depuis peu d'années à Traugott ; elle étoit ſi riche, qu'elle contenoit depuis un de-mi-marc , juſqu'à 5 $\frac{1}{2}$. marcs d'argent. 4°. Les noires , dont nous avons déja parlé plus haut. 5°. Les *guhrs d'argent* , qui ne ſont autre choſe qu'un *mica* très-délié & argilleux , dans le-quel on croit voir des paillettes d'argent , quoiqu'il n'y en ait que l'apparence. 6°. Les *argilles* qui contiennent auſſi quelquefois de l'argent , ſans qu'on en puiſſe re-tirer de l'argent natif , ou de la mine d'argent par le lavage. 7°. Enfin les *guhrs* ou terres verdâ-tres & cuivreuſes , dont il eſt bon de faire l'eſſai , quand elles ſe trouvent dans le voiſinage des fi-lons de mine d'argent , quoiqu'il ſoit très-rare qu'elles en contien-nent.

Parmi les mines d'argent pierreuses, il y a, 1°. l'espèce de jaspe, qu'on nomme *pierre de corne*, surtout celle qui est brune, telle que celle de Losnitz, de Johann-Georgenstadt, de Schneeberg & d'autres mines riches ; lorsqu'on n'y remarque point à l'œil de l'argent natif, ou de la mine d'argent, il ne faut point confondre ces pierres avec la mine d'argent cornée. Il en est de même de la pierre de corne noire, qui indépendamment de l'argent natif, de la mine d'argent vitreuse & de la mine d'argent noire, qui souvent l'accompagnent, contient encore par elle - même jusqu'à quelques marcs d'argent ; telle est celle qui se trouve dans la mine de *Donat*, qui ressemble à une scorie fondue ; il est vrai qu'on la regarde comme une rareté, & je ne connois point d'autre endroit où il s'en trouve. Telle est aussi la pierre de corne du même lieu, que l'on nomme *bleue*, quoiqu'elle soit d'un gris foncé. 2°. Des feuilles ou couches de pierres; mais ce cas est très-rare & presqu'inoui: on m'en a envoyé une fois du Duché de Weissenfels en Thuringe, pour en faire l'essai; elle contenoit 2 onces d'argent, étoit composée d'un amas de petites pierres, ni trop dures, ni trop tendres, oblongues & arrondies, & nullement anguleuses, semblables à des noisettes. En un mot, leur figure faisoit qu'on ne pouvoit point les regarder comme des morceaux détachés d'un tout: on les avoit trouvées dans la première couche d'un terrein sabloneux & glaiseux.

I I I.

Les mines de cuivre.

Les mines de cuivre font:

1°. Le cuivre natif, qui eſt en petites lames ou feuilles, ou en filets comme des cheveux, ou en maſſes ſolides, & le cuivre qu'on nomme, *Cuivre de cémentation*, tel que celui de Neuſol en Hongrie, du Hartz, dans les mines d'Altenberg, de Bottendorf en Thuringe, qui n'eſt autre choſe qu'un véritable cuivre, contenu dans des eaux vitrioliques cuivreuſes, & qui en a été précipité par le moyen du fer qu'on y a jetté, ce qui ne fait point une tranſmutation du fer en cuivre, comme quelques uns l'ont imaginé.

2°. La mine de cuivre d'un

jaune verdâtre, qui eſt la plus commune. 3°. La mine de cuivre ſolide & ſemblable à de l'acier par la fineſſe de ſon grain. 4°. La mine de cuivre-azure, qui eſt d'un bleu tirant ſur le noir, comme de l'acier qui a paſſé par le feu. 5°. La pyrite cuivreuſe; c'eſt une pyrite qui ne contient qu'une petite portion de cuivre. 6°. La mine appellée *Kupfer-hieken* à Mansfeld ; ce ne ſont que de petits grains de pyrite cuivreuſe, aſſez ſemblables à des pois répandus dans une ardoiſe. 7°. *Les fleurs de cuivre* ; ce ne ſont que des couleurs produites par des exhalaiſons minérales, qui n'ont que de l'extérieur, & ne contiennent rien de ſolide ; auſſi les trouve-t-on ſur d'autres minéraux tels que la pyrite ordinaire, dans laquelle il n'y a

que peu ou point de cuivre, fur
la galene ou mine de plomb, fur
le *mifpikkel* ou la pyrite arfenicale
blanche, fur la blende, & même
fur la mine d'étain; elles préfen-
tent fouvent les couleurs vives
de l'arc-en-ciel. 8°. Le *kupfernikel* de cuivre ou mine d'arfenic
d'un rouge de cuivre; c'eft un minéral qui fe trouve mêlé avec les
mines de cobalt dont on fait le
bleu, mais qui eft plutôt nuifible
qu'avantageux à cette couleur.
9°. L'ardoife cuivreufe, qui communément contient beaucoup de
cuivre d'une bonne efpèce. 10°.
Le *verd de montagne* qui eft un
minéral, ou une terre verte qui
contient du cuivre; on nomme
auffi cette mine *Chryfocolle*. 11°.
La mine de cuivre grife claire, qui reffemble beaucoup à la
mine d'argent, qu'on nomme

blanche, à cela près qu'elle eſt d'un gris plus foncé ; on la met ſouvent au nombre des mines d'argent, parce qu'elle contient juſqu'à des marcs de ce métal ; cependant elle contient auſſi du cuivre, & ſe trouve parmi ſes mines. 12°. La mine de cuivre d'un gris foncé ; elle eſt d'une nuance plus obſcure que la précédente ; il s'en eſt trouvé dans la mine appellée le *Prophète Jonas*, dont le quintal a fourni 43 livres de cuivre raffiné, & deux onces d'argent. 13°. La mine de cuivre vitreuſe ; c'eſt une mine fort riche, d'un gris tirant ſur le noir ou bleuâtre, qui ne différe que très-peu de la mine de cuivre-azure. Il s'en rencontre des morceaux dans de la mine de fer à Berggies-Hubel ; elle fournit juſqu'à 50 livres de cuivre raffiné.

14°. La mine de cuivre fabloneufe ; c'eft un affemblage de
grains de fable & de petites pierres, dans lequel il fe trouve, ou
du cuivre natif, ou de la mine de
cuivre-azure; telle eft la mine de
Seminowa en Ruffie, celle qu'on
trouve à Bottendorf en Thuringe,
à Neuftadt en Voigtland, & à
Illmenau dans le Comté de Henneberg.

Le cuivre natif fe trouve ou tout
formé par la nature, ou bien il a
été précipité des eaux vitrioliques.
La premiére efpèce de cuivre natif fe trouve, 1°. dans de la roche
folide, par exemple, dans du
fpath, comme on le voit à Konitz en Thuringe, à Bernftein près
de Brinn en Moravie; dans un
grais groffier, comme à Seminowa en Ruffie; dans de l'ardoife, comme à Eifleben. 2°. Dans

les fentes des pierres, comme à Berggies-Hubel, où l'on en voit dans des pierres ferrugineuses ou mines de fer très-pures, & dans des fentes de quartz. 3°. Dans les *druses* ou parties vuides des filons, ce qui arrive très - souvent. 4°. Dans des mines de cuivre, telles que la mine de cuivre vitreuse, lors même que ces mines sont si compactes, qu'elles n'ont pû donner passage aux eaux vitrioliques.

La seconde espèce de cuivre natif, est celle qu'on appelle *Cuivre de cémentation* ; c'est du cuivre contenu dans une eau vitriolique, qui a été précipité sous sa forme métallique, par le moyen du fer qui l'a dégagé de l'acide vitriolique qui le tenoit en dissolution ; en se précipitant il prend la forme des morceaux de fer ou de la ferraille dont on s'est servi pour en faire la précipitation ; cependant cette précipitation s'opére affez fouvent fans le fecours du fer, comme on peut voir à Neufol en Hongrie, où l'on trouve de groffes maffes de ce cuivre de différentes formes , qui fe font quelquefois attachées fur du bois ; j'en ai vû de femblable qui venoit d'Olonitz en Ruffie. Il faut que l'eau vitriolique d'où fe fait cette précipitation foit extrêmement faturée, & je penfe que le cuivre natif a dû fe former de cette façon dans le fein de la terre.

La maniére la plus commode de divifer les mines de cuivre eft de fe règler fur leurs couleurs , qui eft la premiére chofe à laquelle on peut les reconnoître.

La mine de cuivre jaune, ou d'un jaune tirant fur le verd, eft la plus ordinaire ; ce n'eft autre chofe que la pyrite jaune, (*pyrites flavus*), qui contient communément environ 20 livres de cuivre, quelques drachmes, & rarement au-delà d'une demi-once d'argent, avec une portion confidérable de fer, qu'on ne peut en féparer par le moyen du feu, mais qui fe réduit en fcories; c'eft le foufre & un peu d'arfenic qui s'y trouvent toujours, qui minéralifent cette mine.

La mine de cuivre grife, (en Allemand *fahl-ertz*), eft compofée de quelques livres de cuivre, d'un peu de fer qu'on ne peut guères apprécier, de quelques demi-onces d'argent, quelquefois même cela va d'un à deux marcs; & même, comme on a dit plus haut en parlant des mines d'argent, il s'eft trouvé dans le bas-Hartz de la mine de cette efpèce, qui contenoit jusqu'à 20 marcs d'argent; outre cela, cette mine est composée de quelques livres de soufre & d'un peu d'arsenic. On peut distinguer la mine de cuivre grise de la mine de cuivre vitreuse : 1°. Par les couleurs qui s'y trouvent mêlées, qui font que la premiére tire plus sur le jaunâtre, & la derniére plus sur le rougeâtre, joint à ce que la premiére se trouve ordinairement mêlée avec la mine de cuivre jaune. 2°. La mine de cuivre vitreuse est plus obscure & plus foncée que la mine de cuivre grise. 3°. La mine de cuivre vitreuse est plus luisante, c'est ce qui la fait nommer vitreuse. 4°. A la variété des couleurs qui ne se remarque point aisément sur la mine grise, au lieu que sur la mine vitreuse on voit un bleu semblable à celui de l'acier, & un rouge de cuivre.

La mine rouge de cuivre n'eſt ordinairement qu'une mine de cuivre vitreuſe qui tire toujours ſur le bleu, ce qui fait qu'elle n'a point du tout la couleur de cuivre. Il y a encore une mine de cuivre qui a la couleur de ce métal, ſans cependant avoir de l'éclat; on la nomme auſſi mine vitreuſe de cuivre; on en trouve à Polewoï en Ruſſie, auſſi-bien que dans le territoire de Bareuth; elle eſt ſi riche en cuivre, que ce métal y eſt preſque tout pur.

La mine de cuivre brune que quelques-uns nomment *Mine de foye ou hépatique*, telle que celle de Camsdorf, de Konitz, de la vallée d'Her dans le pays de Heſſe, eſt remarquable par ſa pureté, & par la quantité de métal qu'elle contient; elle eſt auſſi compacte que la mine rouge de cuivre; elle n'eſt preſque compoſée que de cuivre ſans particules de fer ; il s'y trouve pourtant un peu d'une terre vitrifiable.

La mine de cuivre blanche n'eſt autre choſe que de la mine vitreuſe griſe, qui au lieu d'être foncée, tire ſur le clair. Souvent elle eſt aſſez foncée par elle-même, mais elle paroît claire quand elle ſe trouve dans une matrice ou gangue plus foncée qu'elle.

La mine de cuivre d'un noir luiſant qu'on nomme *Mine de poix*, parce qu'elle reſſemble à de la poix noire, eſt aſſez rare ; elle ne contient que peu de cuivre : il ne faut cependant point confondre avec la mine dont nous parlons, une mine de cuivre jaune, griſe ou rouge qui ſe trouveroit dans une gangue ou matrice bitumineuſe, telle que le charbon foffile, ou bien dans une fubftance graffe & alumineufe.

La mine de cuivre verte, eft compacte & folide au point de prendre le poli; pour lors on la nomme *Malachite*; elle contient de 10 à 15 livres de cuivre; celle de Polewoï en Ruffie & de Falkenftein en Tyrol font de cette efpèce; ou bien elle eft terreufe, & fe trouve attachée à d'autres mines de cuivre, & même à des mines d'un autre métal, comme à de la mine d'étain, à la mine de plomb, à toutes fortes de pierres non métalliques, fur lefquelles elle a été apportée quelquefois, de filons qui en font fort éloignés, par les fentes des rochers; pour lors on donne à cette mine le nom de *Chryfocolle*, & fuivant quelques-uns, de *verd-de-gris natif*. Sur quoi il eft à propos

pos d'obſerver que le verd-de-
gris véritable ſe fait au moyen de
l'acide végétal, au lieu que celui dont il eſt ici queſtion eſt produit, ſinon par l'acide du ſoufre,
du moins par l'acide contenu dans
l'air. C'eſt ici qu'on peut placer
la mine de cuivre ſoyeuſe verte,
qui n'eſt autre choſe qu'un verd-
de-gris, qui ne ſe fait remarquer
que par ſon tiſſu ſoyeux ou fila-
menteux, & qu'on ne peut réellement regarder que comme une
effloreſcence.

On trouve en Saxe une ſubſtance
d'un rouge de cuivre, compoſée
de filets très-délicats, qui forment
des groupes de cryſtaux, dans le
filon de Lorentz, dans une gangue où il ſe trouve de la mine jaune de cuivre, & même du cuivre natif, & on lui donne le nom
de *fleurs de cuivre* ; mais il n'eſt

point bien décidé si cette substance contient du cuivre, attendu que s'il y en a, la quantité en est si petite qu'on n'en peut faire l'essai.

La mine de cuivre bleue est de même que la verte; il y en a de compacte, & qui prend le poli; pour lors on l'appelle *Lapis lazuli*, ou pierre d'azur; il y en a aussi de terreuse qu'on appelle *bleu de montagne*, c'est le Κύανος des Grecs; on le trouve ordinairement avec le verd de montagne, comme on peut voir dans les mines de Russie & de Tyrol dont nous avons parlé; il est produit comme lui par la décomposition des mines de cuivre; quant à la quantité de ce métal, cela varie selon qu'elle est incorporée dans plus ou moins de parties terrestres; du reste, cette mine ne contient ni or ni argent, quoique quelques ens s'en foient flattés à la vûe des petites pyrites , ou petits points, ou vénules de mines de cuivre qui y brillent comme de l'or ; cependant il ne feroit pas impoffible qu'une mine de cuivre de cette efpèce contînt quelques particules d'or.

I V.

Des mines d'Etain.

LES mines d'étain font, 1°. Les cryftaux d'étain blancs, tels que ceux de Schlackenwald en Bohême. 2°. Les cryftaux d'étain jaunâtre. 3°. Les cryftaux d'étain noirs. 4°. Les grenats. 5°. La mine d'étain ordinaire appellée *Zwitter* en Allemand, qui n'eft qu'un affemblage de petits cryf-taux d'étain. 6°. le *Zinn-ftein,* ou la pierre d'étain ; c'eft la mine d'étain après qu'elle a été écrafée & lavée.

Les Mineurs appellent la mine d'étain *Zwitter*, dénomination qui eft peut-être dérivée du mot Alchymique *Hermaphrodite*, par où les Adeptes défignent un métal de deux genres.

La mine d'étain, quand elle a été préparée, c'eft-à-dire, calcinée, écrafée & lavée, fe nomme en Allemand *Zinn-ftein*, pierre d'étain; de-là vient la façon de parler en ufage parmi les Ouvriers, qui difent : *Une telle mine, d'étain donne peu ou beaucoup de pierre.* Cependant, il y a des gens, qui par *pierre d'étain*, entendent la mine d'étain, même fans qu'elle ait été préparée.

Il n'exifte point d'étain vierge, & ce qu'on pourroit regarder comme tel, n'eft autre chofe que de

l'étain, qui a été réduit ou métalli-
fé par le feu qu'on a allumé dans
la mine, & qui a mis en fufion une
portion du filon ; auffi cet étain
porte-t-il les marques de la fufion ; ou-bien c'eft de l'étain qui
s'éclabouffe, lorfqu'au fortir du
fourneau on le verfe dans de l'eau
froide, & qui fe préfente fous la
forme d'aiguilles ou de broffes.

A l'égard de la figure, la mine
d'étain eft en maffes compactes,
ou d'une figure irréguliére ; pour
lors on la nomme *mine d'étain*
fimplement. Elle eft ou pure, compacte & homogène, fans mêlange
de fubftances étrangéres ; ou bien
elle eft répandue dans de la pierre
ou terre ; pour lors on la nomme
Zinn-graupen, cryftaux d'étain,
foit que ces cryftaux ou grains de
mine foient enveloppés dans leur
gangue, foit qu'ils fortent de leur

matrice, comme des noix qui sortiroient de leurs coquilles, & qu'ils forment des petits cryſtaux ou grains détachés.

Dans les mines d'étain compactes, auſſi-bien que dans leurs gangues, on remarque ſur le côté par où ils ont été détachés du filon, des petits grains qui en ſortent, & qui ſont luiſans ; c'eſt ce qu'on nomme *Mine d'étain avec des grains.*

La figure des cryſtaux d'étain ſuffit ſeule pour diſtinguer ce minéral de tous les autres ; il faut ſeulement prendre garde de ne pas les confondre avec une eſpèce de minéral ferrugineux arſenical, qu'on nomme *Schirl* ou *Wolfram*, dont les cryſtaux ſont plus luiſans que ceux de l'étain, qui en différent encore, lorſqu'ils ſont écraſés.

Quant à la couleur, la mine d'étain, soit qu'elle soit solide & compacte, soit qu'elle soit remplie de petits grains, est 1°. noire, & cette couleur tire sur le gris, quand la mine est écrasée. 2°. Rougeâtre ; & alors il ne faut pas la confondre avec celle qui a reçu cette couleur dans le feu, qui rougit même celle qui est noire. 3°. Jaunâtre ; elle ressemble à de la colophone, telle est celle qui se trouve en Saxe dans la mine d'Ehrenfriedersdorf. 4°. Enfin, blanche, ou en cristaux blancs, qui tirent cependant toujours un peu sur le jaunâtre, ce qui rend suspecte la mine d'étain de Schlakenwalde qui est toute blanche, sur-tout attendu que, de quelque façon qu'on s'y prenne, on ne peut en tirer de l'étain ; il y auroit plutôt lieu de croire que cette mine est ferrugineuse.

La mine d'étain, lorsqu'elle est bien compacte, donne ordinairement un peu moins de deux tiers d'étain; mais dans le travail en grand on ne peut pas compter sur tant de métal; le reste est de l'arsenic, dont la quantité ne peut se faire remarquer au doigt & à l'œil, cet arsenic étant si intimement uni avec l'étain, qu'il faut un degré de feu très-violent, & même le contact des charbons pour les séparer; mais si l'on jette sur des charbons bien allumés de la mine d'étain bien pulvérisée, il sera aisé de reconnoître à l'odeur la présence de l'arsenic; & par l'expérience suivante on verra que l'étain le plus pur contient encore de l'arsenic. Prenez une

partie de limaille d'étain, mettez-
la à diſſoudre dans 10 ou 12 parties d'eau-forte; vous verrez en y
faiſant attention, que dès le commencement de la diſſolution il ſe
ſépare quelque choſe de noir qui
nage dans l'eau-forte, comme de
petites taches légéres. Auſſi-tôt
que cela arrive, & que la diſſolution commence à devenir lai-
teuſe, ce qui indique déja de
l'étain que l'eau - forte ne peut
point tenir en diſſolution, décan-
tez la diſſolution, faites rougir la
matiére noire après l'avoir édul-
corée, & vous appercevrez aiſé-
ment, & à l'odeur & à la vûe,
que c'eſt de l'arſenic. On pourroit peut-être prétendre que cet
arſenic vient de la pyrite arſenicale, qui ſe trouve très-fréquem-
ment avec les mines d'étain, &
non pas de la combinaiſon même

F v

de la mine d'étain ; cependant on voit combien l'arfenic eft fortement uni avec l'étain , puifque l'ardeur du feu ne peut les féparer ; joignez à cela que j'ai fait mon expérience fur de l'étain que j'avois tiré des cryftaux d'étain les plus purs , & qu'elle m'a toujours réufli.

Il ne fe trouve aucune portion des autres métaux dans les mines d'étain pures. Quant aux fubftances foffiles qui font propres aux mines d'étain , ou qui s'y attachent volontiers ; c'eft , 1°. le *Wolfram* (*lupus Jovis*), qui eft un minéral d'une mauvaife efpèce , qui ne dévore point l'étain comme fe l'imaginent les Ouvriers des mines, mais qui le gâte , le rend dur à caufe du fer qu'il contient , & qui quelquefois eft nuifible , quand il prend la place de la

mine d'étain dans le filon ; ce minéral eſt proprement une mauvaiſe mine de fer qui, outre le fer eſt
compoſé d'une terre calcaire, d'u-
ne terre réfractaire, ou qui réſiſte
au feu, d'acide ſulfureux, & d'un
peu de ſoufre & d'arſenic. 2°. Le
Schirl, que quelques-uns nomment auſſi *Wolfram*, mais il en
différe en ce qu'il eſt en petits priſ-
mes minces & oblongs, qu'il eſt
plus léger au point même de ſur-
nager à l'eau, & que quelquefois
ſa couleur eſt bleue. Cependant
il ſe trouve du *Schirl* dans les filons de mines de plomb qui contiennent de l'argent, & l'on en
trouve, ſi je ne me trompe, dans
les mines de *Sonn* & de Gotteſ-
gabe à Freyberg en Saxe. 3°. Le
Neck-ſtein; c'eſt une ſubſtance minérale brune qui, ſans être une
mine d'étain, y reſſemble, & qui

cependant différe des deux fubftances précédentes ; elle ne laiffe
pas de tromper fouvent les Ouvriers des mines. 4°. Le crayon
ou mine de plomb , (*plumbago
fcriptoria*), qui eft un minéral d'un
noir luifant, dont le tiffu eft très-
délié ; il paroît compofé de petits
feuillets talqueux , gras au toucher, légers & peu compactes.
Ce minéral ne contient rien moins
que du plomb ; il eft plutôt ferrugineux, attendu qu'il devient rouge par la calcination ; mais il faut
pour cela le feu le plus violent ;
du refte, il eft très-réfractaire ou
difficile à mettre en fufion , ce
qui fait qu'il eft très-propre à faire
des creufets , comme ceux d'Ip-
fer. Cette fubftance ne fe trouve
de ma connoiffance dans ces pays
ci qu'avec les mines d'étain ; ce
pendant je ne fçais fi on pourroit

ailleurs la regarder comme fervant d'indication pour trouver la mine d'étain ; j'ignore auffi les obfervations qu'il y auroit à faire fur la fameufe mine du crayon nommé *Black-lead* par les Anglois , qui eft dans la Province de Lancashire, au Nord de l'Angleterre, & dans celle de Barrodale près de Kefwick , dans la province de Cumberland, qui eft de la meilleur efpèce & qui fe vend de 5 jufqu'à 20 shellings la livre. 5°. L'*eifenram* ; c'eft une fubftance ferrugineufe, & même fouvent une bonne mine de fer, qui fert comme d'enveloppe ou de cadre au filon, comme un cadre environne un tableau, ce qui lui a fait donner en Allemand , le nom de *cadre de fer.* On pourroit le conferver encore à cette fubftance , lorfqu'elle fe trouve autour des filons de plomb, de cuivre ou d'argent, d'autant plus qu'elle accompagne ordinairement toutes les mines qui ont communément une matrice ferrugineuſe ; cependant l'uſage a prévalu de ne l'appeller ainſi, que lorſqu'elle accompagne les filons de mine d'étain. 6°. L'*eiſenmann*, c'eſt à peu-près la même choſe que l'*Eiſenram*, & cette dénomination s'employe pour déſigner la même ſubſtance dans les mines d'étain; lorſque les Ouvriers la rencontrent, ils ſe flattent de trouver bien-tôt de la mine riche & abondante. 7°. Dans quelques endroits on parle encore du *gifft-kies*, c'eſt la pyrite arſenicale que l'on nomme *miſpikkel* à Freyberg en Saxe. L'on appelle *rammel* l'endroit où ſe raſſemble la mine d'étain de pluſieurs filons différens,

& c'eft à l'ufage, plutôt qu'aux Livres à apprendre la fignification des noms que l'on employe dans chaque Pays.

Les matrices des mines d'é-tain ne différent point de celles des autres mines ; cependant il femble que le talc blanc, appel-lé *argent de Chat*, ainfi que la ftéatite ou pierre de lard, ont la préférence, au lieu qu'il eft rare que ce foit du fpath. Ces mines fe trouvent ou par filons & vé-nules, ou par maffes détachées : on ne voit gueres les filons de mi-nes d'étain s'étendre horifonta-lement. Les mines d'étain qui fe trouvent en morceaux déta-chés, ne font que des cryftaux ou grains d'étain, quoiqu'on n'y difcerne pas des angles ou cô-tés, comme dans ceux qui vien-nent des filons ; mais ils font en maſſes irréguliéres, qui ſemblent avoir été arrachées & entraînées; quelquefois même on y trouve une partie de la gangue, telle que du quartz, du talc, &c. qui y ſont encore attachés, ce qui rend vraiſemblable que ces morceaux ont été ſéparés des filons par la violence des eaux.

Les mines d'étain ſont moins communes que celles de tous les autres métaux; il eſt difficile de décider ſi cela vient de la rareté réelle de ce métal, ou de l'ignorance des hommes: quoi qu'il en ſoit, l'uſage de l'étain étoit connu des Grecs & des Romains, & l'on en tiroit de leur tems des côtes d'Afrique & des Indes Orientales; mas en Europe la plûpart des pays en ſont privés, quoique d'ailleurs les travaux des mines y ſoient cultivés; la Norwege, la

Suède, la Ruffie, la Pologne,
la Hongrie, l'Italie & la France,
font dans ce cas. C'eft l'Angleterre & l'Allemagne qui en fourniffent le plus, encore n'y en a-t-il
qu'en quelques endroits, comme
dans la Province de Cornouailles,
la Mifnie, la Bohême, lieux auxquels on peut joindre la Lifie depuis quelques années ; tandis que
le haut & bas Hartz, la Heffe,
le Palatinat, l'Alface, la Lorraine, la Souabe, le Tyrol, la Carinthie, la Carniole & la Styrie,
n'en ont aucune connoiffance,
quoique les travaux des mines y
foient en vogue de tems immé-
morial ; ce qui donne lieu de
croire que ces mines font réellement rares, & que cette rareté
ne dépend point des circonftan-
ces.

V.

Des mines de Plomb.

L E s mines de plomb font, 1°. la mine de plomb blanche, 2°. la mine de plomb verte, 3°. la *galene*, ou mine de plomb, qui eſt ou à grands ou à petits cubes, 4°. la mine de plomb, appellée *Bley-ſcheweif* par les Allemands, qui eſt par petits grains, & ſtriée. 5°. La marne de plomb, telle que celle qu'on trouve à Johann - Georgenſtadt, & qu'on nomme *ſpath de plomb*, 6°. la mine de plomb en grains, telle que celle de Maſ-law en Siléſie; c'eſt du plomb natif en grains ſemblables à de la dragée; il y a pourtant des Minéralogiſtes qui croient que ce n'eſt point une ſubſtance minérale naturelle, mais que c'eſt réellement de la dragée, ou du petit plomb.

Le plomb natif ne se trouve pas plus dans la nature que l'é-tain natif.

Les Grecs appelloient la mine de plomb *molybdites*, qui vient de μόλιβδος. Les Romains l'ap-pelloient *plumbum nigrum*.

Les mines de plomb sont, ou blanches, ou vertes, ou grises. Ces derniéres sont les plus ordi-naires.

La mine de plomb blanche est, ou comme du verre demi-tranf-parent, ou terreuse, & de la na-ture de la marne. Celle qui est vi-treuse, qu'on pourroit avec raison nommer *verre de plomb natif*, four-nit son métal aussi-tôt qu'on en met sur du charbon; elle est d'un tif-su feuilleté, quoiqu'il soit difficile de la partager en feuillets, ou la-mes ; ces lames sont étroitement liées les unes aux autres ; c'est à cette marque, aussi bien qu'à la pesanteur, qu'un œil accoutumé la distinguera du spath feuilleté qui lui ressemble. Cette mine est très-rare ; elle se trouve près des filons de mine de plomb qui sont pauvres en argent, & ne contient point de ce dernier métal ; toute sa masse n'est presque composée que du plomb ; quant aux autres substances qui entrent dans sa composition, il est difficile de les retenir & de les connoître, parce que même en la stratifiant avec les charbons on ne peut les séparer, cependant l'odeur qui s'en dégage décéle la présence de l'arsenic ; c'est aussi ce que prouve l'expérience, par laquelle l'arsenic & la litharge, à un feu très-médiocre, & même dans une cornue de verre, forment ensemble une espèce de verre qui fait un excellent fondant pour l'essai des minéraux difficiles à fondre. Cette mine se trouve sur-tout à Troïtza & à Nerzinsky en Russie, à Darnowitz en Pologne, à Bleystadt & Przibram en Bohême ; il y en avoit aussi ci-devant une grande quantité à Freyberg en Saxe ; elle étoit d'un tissu fort singulier qui la faisoit ressembler à de la plume.

La mine de plomb blanche terreuse ou pierreuse, ressemble à une pierre argilleuse ou marneuse, elle est d'un gris blanchâtre, on y remarque des gersures d'un gris foncé avec des taches jaunes. Cette mine contient 10, 15, & jusqu'à 20 livres de plomb au quintal, comme on peut en juger par son poids. Plus elle est tendre & peu compacte, plus elle est riche ; plus elle est pierreuse & solide, plus elle eſt pauvre. Elle n'eſt nulle part ſi connue que dans la mine de Rautenkrantz à Johann - Georgenſtadt & près de Meiſſen. En effet, quoiqu'il ſe trouve quelque choſe qui lui reſſemble à Darnowitz en Pologne, cette derniére n'eſt point ſi pure, au lieu qu'à Johann-Georgenſtadt il ſe trouve des morceaux très-purs de cette mine qui péſent depuis 25 juſqu'à 50 livres.

La mine de plomb verte ne différe pas plus de celle qui eſt blanche & tranſparente, que le verre de plomb verdâtre ne différe du verre de plomb ordinaire qui eſt jaunâtre ; le verre de plomb tire ſur le vert au commencement de ſa fuſion, ſans qu'il y ait pour cela du cuivre ; mais cette couleur diſparoît pour peu qu'on le tienne long-tems expofé à l'action du feu. En un mot, la mine de plomb verte paroît être, foit par le produit, foit par l'odeur que le feu en dégage, de la même nature que la mine de plomb blanche. Cependant elle ne fe trouve point avec la blanche, d'où l'on voit que c'eft de quelque petite circonftance que dépend la caufe de fa blancheur ou de fa verdeur. La mine de plomb verte fe trouve fur-tout à Zfchopau en Mifnie, à quatre milles de Freyberg; fa couleur verte tire un peu fur le jaune, & elle eft ordinairement couverte d'ochre; il s'en trouve ici depuis quelques années dans le filon interrompu de Lorentz, qui eft d'une couleur plus vive & d'un tiffu plus délié; mais celle de Bleyftadt en Bohême eft la plus belle pour la couleur.

La mine de plomb grife ou *galene* eft la plus ordinaire, les filons en font toujours très-forts ; & comme les mines de plomb blanches & vertes ne fe trouvent point par filons, mais accompagnent feulement les filons de la galene, on doit regarder cette derniére comme la mine principale dont les autres ne font que des acceffoires. Il ne faut point confondre la mine de plomb dont nous parlons avec la galene de fer, ou mine de fer en cubes, ni avec la blende, ni avec la mine d'antimoine. La mine de fer en cubes en différe totalement par la couleur ; elle eft ou d'un gris noir, ou d'un rouge-brun, & ordinairement compofée d'une fubftance talqueufe & luifante. D'ailleurs, il ne faut point fe laiffer abufer par des dénominations qui

ne

ne font fondées que fur une propriété extérieure, telle que la couleur : ainfi lorfque dans une mine,
d'où l'on tire du fer , on fe fervira
du mot de *galene* , on fent bien
qu'on n'aura point en vûe une
mine de plomb.

Quant à la blende, celle de
Podwolofchan en Ruffie , feroit
affez dans le cas d'être prife pour
une mine de plomb grife à caufe de fa couleur claire ; d'ailleurs, on fçait que la mine de
plomb ou galene perd fouvent fon
éclat par l'exhalaifon, & devient
d'une couleur matte qui la fait
reffembler à de la blende.

En comparant cette mine avec
celle d'antimoine , on voit que
celle-ci tire plus fur le bleu & fur
le jaunâtre ; quand elle eft ftriée ,
il eft aifé de la difcerner ; alors
elle fait moins le miroir , & il y a

de plus d'autres circonstances qui la distinguent. Mais il se trouve à Schlaïtz en Voigtland une mine d'antimoine non striée & luisante, qui exige un œil bien exercé pour la distinguer du *Bleyfchweiff*, ou mine de plomb grise, striée & pointée.

Il faut sur-tout prendre garde de ne pas confondre la mine de plomb grise avec la mine d'argent blanche, qui se trouve ici dans la mine de Brande ; elle tire un peu plus sur le jaune : du reste, elle n'est point par couches ; elle est plus dure & a moins d'éclat.

Quant à la structure de la mine de plomb grise, elle est ou en cubes irréguliers, ou striée ; mais jamais ces stries ne partent d'un même point comme dans l'antimoine ; ou-bien elle est en grains ou points brillans sans figure déterminée ; c'eſt ce qu'on appelle communément *Bleyſchweiff.*

Les parties qui compoſent cette mine ſont le plomb & le ſoufre ; le plomb en fait les deux tiers, ou les trois quarts ; & le ſoufre fait le reſte.

Quant à l'argent qui y eſt contenu, il ne s'y trouve qu'accidentellement. En effet, 1°. il y a de la galene ou mine de plomb griſe, dans laquelle il n'y a qu'un veſtige, & même point du tout d'argent, telle eſt celle où les mines de plomb blanches & vertes ſe trouvent. 2°. Cette portion d'argent varie infiniment ; tantôt c'eſt une drachme, une demi-once, un demi-marc ; tantôt c'eſt un marc & plus, ce qui prouve aſſez que l'argent ne s'y trouve qu'accidentellement. 3°. On ne peut point juger à la vûe de cette va-

riété , quoique quelques - uns
prétendent avoir ce talent ; pour
ce qui est de moi, j'ai trouvé jufqu'à préfent que la mine de plomb
grife la plus riche en argent , eft
celle qu'on nomme *Bleyfchwoiff*,
ou mine de plomb, à petits points
brillans , & ftriée.

Pour ce qui eft de l'or, il ne
feroit pas impoffible que l'argent
qui fe trouve dans les mines de
plomb n'en contînt une portion,
fuivant la difpofition des filons ;
mais il faut fe défier des mor-
céaux ou échantillons de mines,
dans lefquels les minéraux fe trouvent mêlés les uns avec les autres
d'une maniere imperceptible; fans
parler de l'or natif, qu'il eft quelquefois impoffible d'y apperce-
voir. La mine de plomb de Triftia
en Tranfylvanie eft dans ce cas.

On n'a jamais trouvé cette mi-

ñe en morceaux ou fragmens détachés, à moins que cela ne fût
arrivé par un hafard. Les veines
ou filons de mine de plomb ne
s'élévent point ordinairement jufqu'à la furface de la terre, d'où
les fragmens pourroient en être
détachés; & quoiqu'on ait vû à
Freyberg des filons de mine de
plomb aller jufqu'à la racine des
arbres, cependant on devoit plutôt les regarder, à leur couleur
noire, comme des mines d'argent, que comme des mines de
plomb. Cette mine fe trouve plus
ordinairement profondément en
terre; & plus on defcend, plus
elle eft riche. On pourroit m'ob-
jecter l'exemple de la mine de
Kroner, dans laquelle on trouve dans fa plus grande profondeur
de la blende au lieu de mine de
plomb; mais pour me fervir du

langage du Mineur, je dirai qu'à une plus grande profondeur encore, on trouvera que la *blende se changera en mine de plomb*, ou qu'au - deʃʃous de la blende il y aura de la mine de plomb, dont on ne peut approcher à cauʃe des eaux.

On ne connoît point de mines de plomb qui ʃe trouvent par couches ; & quand par haʃard on en rencontre dans de l'ardoiʃe, ou de la pierre à chaux, ce ne ʃont que des particules très-légeres ; & un morceau de cette eʃpèce peut être regardé comme la choʃe du monde la plus rare en Minéralogie.

La mine de plomb eʃt, indépendamment du plomb & de l'argent qu'on en retire, d'une très-grande utilité, comme fondant, pour traiter les mines d'or & d'argent, qui ne portent point leur plomb avec elles, & qui font réfractaires, fans parler de l'utilité du plomb pour tirer l'argent du cuivre, ce qu'on nomme *Eliquation*, & dans les effais qu'on fait pour voir ce que les mines contiennent d'or & d'argent.

V I.

Des Mines de Fer.

LES mines de fer font, 1°. L'*Eifenftein*, ou pierre martiale, nom générique qu'on donne en Allemagne à toutes les mines dont on tire du fer. 2°. La mine de fer blanche, qui reffemble à du fpath blanc. 3°. La mine de fer ifabelle, comme il s'en trouve à Strafberg au Hartz, qui eft mêlée avec de la mine de cuivre. 4°. L'hématite ou fanguine. 5°. La manganèfe qui reffemble à de la fuie, & qui fouvent eft ftriée comme la mine d'antimoine, les Potiers s'en fervent pour vernifler en noir leurs pôts; les Verriers en mettent aufli un peu dans le verre. 6°. L'émeril qui fert à polir le verre, aufli-bien que le fer & l'acier. 7°. La pyrite, non-feulement celle qui eft purement martiale, telle que celle qu'on nomme *terra martis Haffiaca*; c'eft ce qu'on appelle fimplement *Pyrite*; mais encore la pyrite cuivreufe, & même la mine de cuivre jaune qui contient aufli du fer. 8°. L'ochre ou terre brune des mines, & les ochres qui fe trouvent dans les eaux minérales, & fur-tout dans les acidules qui font produites par la décompofition des pyrites, & qui donnent par l'effai un vrai régule de fer. 9°. L'*Eifenram*, ou cadre de fer; c'eft un minéral inutile; il eft ferrugineux, noir & strié; il joue dans les mines de fer le même rôle que la blende dans les mines de plomb *. 10°. L'*Eifen-mann* que je regarde comme la même chofe que l'*Eifenram*; cependant il faut en faire l'examen. 11°. Le fer natif, mais il eft très-rare. 12°. La fleur de fer, (*flos martis*) que fon nom feroit prendre pour une mine de fer, quoiqu'en effet elle ne foit rien moins, & ne doive être regardée que comme une ftalactite talqueufe & fpathique. Son nom lui vient des mines de fer de Styrie; il s'en trouve pourtant à Freyberg & ailleurs. 13°. L'aiman qui auroit pû être placé plus haut, attendu qu'il donne quelquefois de très-bon fer. 14°. La calamine ou cadmie fof-

* Voyez ce qui a été dit en parlant des mines d'étain.

G v

file, qui donne du fer, & un très-
bon vitriol martial. 15°. Le *Glanz-
stein*, galene de fer ou pierre martiale luisante de Saalfeld en Thuringe, qui donne de très-bon fer.
16°. Le *mispikkel* ou la pyrite arsenicale blanche, qui est composée pour la plus grande partie d'arsenic, & qui cependant contient
encore une assez grande quantité
de fer.

Avant tout, il faut faire une
différence entre la mine de fer &
la pierre martiale (*Eisenstein*),
quoique souvent on se serve in-
différemment de ces dénominations.

Par *mine de fer*, on entend toute pierre ou terre qui contient
une portion remarquable & sensi-
ble de ce métal ; mais par *pierre
martiale*, on entend dans les forges les substances qui sont pro-

pres à être traitées au feu, non-seulement pour la bonté du fer qu'on en tire, mais encore pour sa quantité.

On peut donc mettre au nombre de ce que nous appellons *Mines de fer.* 1°. La glaise dont on fait des briques. 2°. L'argille qui est ou jaune, ou brune, ou rouge. 3°. Toutes les substances minérales ferrugineuses, encore qu'elles soient du quartz, du spath, du mica, de l'ardoise, de la pierre à chaux, &c. 4°. Sur-tout le mica ferrugineux, qui est ou rouge, ou noir, comme ce qu'on nomme crayon noir, jaune, brun, &c. 5°. Toutes les stalactites & concrétions grasses au toucher, terreuses, qui sont jaunes ou brunes; elles doivent leur origine à des pyrites décomposées. Toutes les substances qui accompagnent les filons des autres mines, comme celles de plomb, d'étain, de cuivre, de cinnabre, &c. telles font la *blende*, le *wolfram*, le *fchirl*, la manganèfe, dont quelquesunes, fur-tout le wolfram, contiennent beaucoup de fer, à en juger par leur poids, mais qu'il eft très difficile d'en tirer. L'aiman peut quelquefois être régardé comme une bonne *pierre martiale*, ou mine propre à être traitée à la forge. Il y en a en Suède qui fournit beaucoup de fer; mais pour l'ordinaire il n'en donne que très-peu, & d'une mauvaife qualité.

Parmi les mines de fer qui ne donnent point affez de fer pour être exploitées, il faut compter, 1°. la pyrite jaunâtre, 2°. la pyrite arfenicale; ces deux minéraux contiennent environ $2\frac{1}{4}$. de

fer, mais le foufre & l'arfenic em-
pêchent qu'ils ne foient propres
au travail, & même pour peu qu'il
en foit refté quelque chofe dans
un tas d'autre mine, il fuffit pour
gâter toute la befogne. 3°. La
pyrite ou mine de cuivre jaune,
qui outre le cuivre, contient toujours du fer, & dont le cuivre eft
capable de gâter le fer encore
plus que les deux précédens. On
pourroit encore placer ici l'émeril, quoique cette fubftance n'ait
point encore été fuffifamment exa-
minée.

Quant à la *pierre martiale*, c'eft
tout le contraire ; c'eft non-feulement une mine de fer qu'on peut
traiter avec avantage à la forge,
& qui fe tire de mines qui lui font
particuliéres ; mais encore elle fe
trouve accidentellement dans des
mines d'autres métaux ; fouvent

on n'y fait point d'attention, & elle paſſe ſous les noms d'*Eiſenman*, *Eiſenram*, &c. & on ne ſe donne pas la peine de la tranſporter pour la traiter, à cauſe de l'éloignement des forges ; cependant il faut la ſéparer avec ſoin, de peur que le fer ne gâte l'étain ou le cuivre.

La *pierre martiale* eſt, relativement à ſa poſition, 1°. en morceaux détachés, qui ſouvent ſe trouvent dans la premiére couche de terre, ou ſous le gazon, ſans faire de couches réguliéres. 2°. Par couches ou lits. 3°. Par filons ; celle qui ſe trouve ainſi eſt la meilleure ; au lieu que la premiére eſpèce eſt la plus mauvaiſe. On peut auſſi placer ici la mine de fer des marais, ou limoneuſe, qui eſt la même que celle qui ſe trouve dans la premiére couche de la terre ;

car pour être couverte d'eau ,
elle n'en différe pas essentielle-
ment. Voyez *Swedenborg de ferro*
§. 3. *de vena ferri paluſtri* , pag.
105 & 285.

Pour ce qui eſt de la figure ,
la mine de fer eſt ou arrondie ou
anguleuſe , ou tout-à-fait irréguliére dans la pierre qui lui ſert
d'enveloppe , dans la mine ou *ſal-
bande*. Celle qui eſt arrondie ne
l'eſt point entiérement ; elle eſt
plus communément demi-ſphéri-
que , & même en quart de ſphé-
re , & ſouvent elle eſt en mammellons & formée en grapes ,
comme du raiſin. On la nomme
hématite ou *ſanguine* ; parce que
répandue ſur les plaies , ou même
priſe intérieurement , elle paſſe
pour arrêter le ſang. Quand on
l'écraſe & qu'on la mêle avec de
l'eau elle la rougit ; & quelques-uns

ont été affez fimples pour croire qu'elle arrêtoit le faignement de nez. Il y en a de brune & de jaunâtre, qui eft réellement de la même nature que la rouge. A Sigmaringen en Souabe, & en France dans le Béarn, il y a des montagnes qui fourniffent une quantité inépuifable de petits globules jaunâtres & terreux, qui reffemblent à des pois, des lentilles, des féves ou des noifettes, qui fe trouvent dans une terre jaunâtre & ferrugineufe. On l'appelle en Souabe *bohnen-ertz*, mine en féves ; on en tire une grande quantité de très-bon fer.

La mine de fer anguleufe ou polygone, n'eft que de huit côtés ou octogone ; telle eft celle qui eft fi fameufe à Fahlun en Suède, dont parle Meïbon, & qu'il nomme *minera martis octahedra.*

Il y en a, outre cela, d'une figure irréguliére, de fiftuleufes, de cylindriques, en mammellons, d'arborifées & en relief.

Il paroîtroit que la mine d'acier, qu'on nomme *ftahlftein* en Allemand, devroit être regardée comme différente des autres mines de fer ; & en effet, elle en différe à quelques égards ; mais comme l'acier n'eft qu'un fer perfectionné, cette différence n'eft point réelle ; mais elle peut avoir lieu, en tant que la plûpart des mines de fer fe trouvent accompagnées de tant de fubftances nuifibles & inconnues, qu'il eft très-rare qu'on puiffe en tirer le métal dans cette grande pureté qu'il a, quand il eft acier ; cet inconvénient arrive lorfqu'on mêle enfemble plufieurs efpèces de mines de fer, fans en avoir fait le triage avec affez de foin , ou lorfqu'on veut qu'une mine ferve de fondant à l'autre, ou bien quand on traite certaines efpèces de mines , faute d'en avoir de meilleures. Ce qui confirme affez ce qui vient d'être dit, c'eft que 1°. la mine qu'on nomme d'*acier*, n'eft point une mine d'une efpèce déterminée , attendu qu'il y en a de noire, de brune & de blanche ; & même on prétend qu'il y a de l'avantage à faire de l'acier avec la pierre hématite.

2°. C'eft que de plufieurs efpèces de fer on peut faire une même efpèce d'acier , tant par la cémentation que par la fufion ; la feule différence , c'eft qu'un fer qui eft impur , ou de l'acier imparfait , ne peut point fe raffiner , comme l'or & l'argent, mais qu'il conferve toujours du moins une partie de la mauvaife qualité qu'il a acquife dans le premier travail.

Enfin, on peut divifer les mines de fer fuivant leurs couleurs ; & c'eft la divifion la plus propre pour aider la mémoire, & même elle eft fondée en réalité : en effet, on fçait, par exemple, que celle qui eft noire eft la meilleure, au lieu que celle qui eft rouge donne un fer caffant. Suivant les couleurs, les mines de fer font, ou blanches, ou grifes, ou noires, ou jaunes, ou rouges, ou brunes-claires, ou d'un brun-foncé. Il eft encore fait mention d'une mine de fer verte & d'une mine de fer bleue, & d'autres couleurs peu ordinaires ; mais il y a du mal-entendu : en effet la couleur bleue ne fe trouve que fur les fentes ou fibres du filon, où elle fait une efpèce d'efflorefcence, produite par les exhalaisons minérales, ou ce qui est proprement mine de fer, est répandu dans une matrice ou gangue de couleur bleue. Il en est de même de la verte, joint à ce qu'il y a souvent de la mine de cuivre cachée dans la mine de fer, que la décomposition occasionnée par les exhalaisons minérales développe, & fait paroître sous la couleur de chrysocolle ou de l'outre-mer.

La mine de fer blanche, est communément d'un tissu feuilleté, semblable à celui du spath ; elle est ordinairement isabelle, ou elle tire sur le jaune ; cependant les feuillets ou lames dont cette mine est composée ne sont point si réguliérement placées les unes sur les autres, que celles du spath ; elles ont différentes directions : cette mine est très-bonne, &

fournit un fer propre à être converti en acier. Pour effayer fi c'eft du fpath, ou de la mine de fer, il n'y a qu'à la faire un peu rougir au feu, & fur le champ la couleur noire qu'elle prendra indiquera le fer ; c'eft faute de fçavoir cela, qu'on prend fouvent pour du fpath ce qui n'en eft pas. Souvent l'air fuffit pour marquer cette différence, quand la mine y a été expofée quelque tems. Au refte, il eft rare que cette mine foit riche en fer.

La mine de fer grife, dont la couleur reffemble déja très-fort à ce métal, eft compofée de petites lames ou feuillets gris très-déliés ; mais il faut avoir grand foin de ne les pas confondre avec d'autres fubftances feuilletées, ftériles & calcaires, afin de prévoir autant, qu'on peut, fi ces fubſtances étrangéres ſont nuiſibles ou avantageuſes à la fuſion , ſi elles ne préjudicieront pas à la bonté du métal ; & enfin, comment on pourra remédier à ces inconvéniens. Ou bien cette mine eſt tellement arrangée qu'on ne peut point remarquer la figure des parties qui la compoſent. Celle-ci ſe reconnoît à ſa couleur ; elle fournit de bon fer, & ſouvent elle eſt attirable par l'aiman.

La mine de fer noire eſt démontrée la meilleure, & la plus riche par l'expérience ; telle eſt celle qui ſe trouve à Fahlun en Suède, d'où l'on ſçait que ſe tire le meilleur fer, tandis qu'on n'y trouve que peu ou point de mine de fer jaune ni rouge. Cette mine eſt très-attirable par l'aiman.

La mine de fer jaune eſt ou compacte, ou terreuſe ; parmi les premiéres ſe trouve d'abord ce qu'on nomme *l'hématite jaune*, qui eſt de deux eſpèces ; celle qui eſt extérieurement brune & luiſante, mais qui écraſée eſt jaune, telle que celle d'Aue, près de Schnéeberg ; celle qui eſt extérieurement & intérieurement plus jaune que la précédente, même ſans qu'on l'écraſe : le tiſſu de cette mine eſt ſtrié ; elle eſt rare, & je n'en ai vû qu'une eſpèce qui venoit d'auprès d'Auguſtuſbourg, à trois milles d'ici. La mine de fer jaune-terreuſe, eſt de la couleur de la glaiſe ; la mine *en féves*, de Sigmaringen, ou l'ochre jaune, dont il a déja été parlé, eſt de cette eſpèce ; le plus ou moins de vivacité de la couleur ne fait rien à la choſe.

La mine de fer rouge, de même que la jaune, varie pour la confiſtence & la dureté ; il ne faut cependant pas mettre dans ce nombre les pierres de cornes, ou jaſpes rouges, qui ſe trouvent quelquefois parmi les mines de fer, mais qui ne fourniſſent point de ce métal. Cette mine eſt ordinairement ſphérique & d'un tiſſu ſtrié ; elle donne beaucoup de fer, mais il eſt caſſant ; pour y remédier on y joint d'autres mines de fer, quand on la traite à la forge.

La mine de fer brune. L'hématite brune qui, quand on l'écraſe, devient jaune, en eſt une variété ; on peut encore mettre dans ce rang la mine de fer qui ſe trouve ſous le gazon, & celle des marais ou lacs ; la couleur brune n'annonce point une mauvaiſe eſpèce

de

de fer, comme on peut s'en convaincre par celle de Styrie, quoique souvent il s'y trouve des substances étrangéres, qui peuvent nuire au traitement & à la bonté du fer qu'on en tire.

La mine de fer, d'un brun rouge ou foncé, a pour l'ordinaire les mêmes qualités que la rouge.

J'ai parlé plus haut d'*Eisenglantz* & de mica ferrugineux, à l'occasion des mines de fer. Quand on est à portée d'en avoir, on les travaille quelquefois avec succès dans les forges ; cependant les rouges sont préférables aux noirs, attendu que ces derniers contiennent quelque chose de nuisible, qui est de la nature du crayon noir.

Quant aux mines de fer, qui portent les apparences d'avoir été du bois, telles que celles d'Orbissau en Bohême, où il s'en trouve une quantité par couches & autrement , dont un Auteur a donné un Traité, fous le titre de *De ligno in mineram ferri im-* *-mutato* ; elles donnent une petite quantité d'un excellent fer; ce qui vient de parties étrangéres , qui ont pû s'y joindre dans leur formation.

Il n'eſt point encore bien dé-cidé s'il y a dans la nature, & fans le fecours du feu, un fer qui foit non - feulement attirable par l'ai-man , mais encore qui s'étende fous le marteau *. Cependant je regarde la choſe comme très-poſ-fible, depuis qu'il m'en eſt venu un morceau, qui a été trouvé dans

* Cette queſtion paroît très-décidée. M. Rouelle, de l'Académie Royale des Sciences, a reçu par la Compagnie des Indes du fer natif, apporté du Sénégal , dont il a forgé des barres fans aucune préparation prélimi-naire.

une terre jaune, qui pouvoit être étendu fous le marteau, fans qu'il parût avoir paffé par le feu, attendu que la terre jaune qui l'environnoit auroit auffi dû entrer en fufion lors de fa réduction en métal. Du refte, les autres morceaux de mine de fer natif, que j'ai eu occafion de voir, me paroiffent fort fufpects, d'autant plus que tous fe reffemblent beaucoup pour la figure.

V I I.

Du Mercure.

LES mines de mercure font, 1°. le cinnabre, fur-tout celui d'Hydria en Hongrie. 2°. L'argille, qui contient du mercure coulant. 3°. Le mercure vierge; c'eft-à-dire, celui qu'on trouve coulant dans la mine, tel que le mercure d'Hydria, qui n'a point été tiré à l'aide du feu.

Le mercure eſt de trois eſpè-ces, 1°. celui qui eſt vif dans ſa mine ; c'eſt-à-dire, ſous ſa forme naturelle ; enſorte qu'il ſuffiſe d'écraſer & de laver la mine pour en ſéparer le mercure, ſans qu'il ſoit beſoin d'avoir recours au feu. 2°. Celui qui eſt comme amorti dans la mine ; enſorte que pour le ranimer ou le révivifier, il faut avoir recours au feu. 3°. Le mercure intimement combiné avec le ſoufre, formant avec lui ce qu'on nomme *le cinnabre*, & exigeant l'aide du feu & l'emploi d'un intermède néceſſaire pour l'en ſéparer.

Le mercure de la premiére eſpèce ſe trouve, 1°. ſouvent dans des morceaux de mine, & ſur-

tout parmi celles qui font en *dru-
fes*, comme on peut le remarquer
près de Mannsfeld, où il fe montre comme des pointes d'aiguilles ; on le trouve auffi dans l'intérieur de ces morceaux de mines quand on les brife. 2°. Dans
l'argille de Hydria ; on l'appelle
mercure vierge, parce qu'il n'a
point éprouvé le feu. On ne peut
point dire fi ce mercure a été originairement dans cette fubftance
ou miniére, fous fa forme naturelle, ou fi ce font des accidens
occafionnés par les exhalaifons
minérales qui l'y ont porté ; ce
qu'il y a de certain, c'eft qu'il fe
raffemble une très-grande quantité de ce mercure, & même plufieurs quintaux par an dans les
foûterrains des mines de Hydria,
d'où accidentellement il peut
avoir été porté dans de l'argille.

H iij

Les Alchymiſtes en font un grand cas ; mais l'expérience ne prouve pas que leur eſtime ſoit fondée, & il n'eſt pas à préſumer que le mercure qui a été tiré par le feu, mais ſans intermède, c'eſt-à-dire, ſans addition, ſoit de fer, ſoit d'un autre métal, ſoit de la chaux, &c. ait ſouffert de l'altération.

La mine de Hydria qui, lorſqu'elle eſt riche, reſſemble à une mine de fer d'un brun rouge, nous fournit un exemple du mercure de la ſeconde eſpèce. Elle contient de $\frac{3}{4}$. juſqu'à $\frac{7}{8}$. & même plus du mercure le plus pur, & laiſſe en arriére, dans la cornue, une terre réfractaire, noire comme du charbon, ſans pourtant être bitumineuſe : il eſt vrai qu'on y trouve auſſi une portion de cinnabre ; mais ce n'eſt qu'un atôme,

en comparaiſon de la quantité de
mercure : ce cinnabre n'eſt point
de la combinaiſon même de cette mine ; mais il vient de ce
qu'il y en a une portion très-min-
ce, qui s'eſt attachée ſur les re-
bords des crevaſſes ou fentes de
la miniére.

La troiſiéme eſpèce de mercure eſt le cinnabre, ou la mine de cinnabre, s'il n'eſt point
dégagé des ſubſtances étrangéres, qui peuvent y être attachées.
Quand le cinnabre eſt bien pur,
il eſt compoſé de $\frac{5}{8}$. $\frac{6}{8}$, & même
$\frac{7}{8}$. de mercure & de $\frac{3}{8}$. $\frac{2}{8}$, ou $\frac{1}{8}$.
de ſoufre : la combinaiſon de ces
deux ſubſtances eſt ſi intime que
le ſoufre ne peut en être ſéparé
que par le feu ; & quand on en
donne trop ; le mercure eſt entraîné ſous la même forme , &
demeure toujours dans l'état de

cinnabre. Au lieu qu'un métal imparfait, tel que le cuivre, le régule d'antimoine, & fur-tout le fer, étant bien divifés & mêlés exactement avec le cinnabre, fi on vient à faire la diftillation, le foufre s'unit au fer, ou à l'une des fubftances qu'on y aura employée, & le mercure fe dégage ; cependant le foufre du réfidu ne paffe point dans la diftillation ; il fe décompofe & fe diffipe fous la forme d'une vapeur acide ; ce qui fait que la limaille de fer, dont on s'eft fervi dans cette opération, eft encore attirable par l'aiman.

Les matrices ou miniéres du cinnabre varient comme celles des autres fubftances métalliques; on le trouve dans du quartz, du fpath, du mica, de l'ardoife, de la pierre à chaux, du grais, & parmi les minéraux métalliques,

fur-tout dans de la mine de fer, &
dans les filons des mines du
plomb, de la blende, des pyrites, des mines de cuivre, des mines d'argent rouges, des mines d'argent vitreufes, d'or & d'argent,
comme cela arrive à Schemnitz
& à Cremnitz en Hongrie ; j'ignore s'il s'en trouve dans les filons
des mines d'étain, de cobalt &
d'antimoine.

Pour ce qui eft des mines de
mercure, qui ne font point du
cinnabre, on peut dire de celle
de Hydria qu'elle a une terre,
dont nous avons déja parlé, qui
lui eft propre ; mais il n'eft point
décidé s'il n'y en a pas d'autre
dans la nature, dans laquelle le
mercure eft lié avec une terre
d'une autre efpèce, de laquelle
on puiffe le féparer par la diftillation.

On voit par ce qui vient d'ê-
tre dit, que les mines de mercure, & fur-tout le cinnabre, fe trouvent non-feulement avec les filons des autres mines, mais encore qu'elles ont des filons qui leur
font propres ; on en a la preuve à
Schonbach & Horowitz en Bohême , ainfi qu'à Meersfeld,
Munfterappel , & Stahlberg dans
le Palatinat ; & même la mine de
Hydria a fon filon particulier. Cependant il n'y a pas un grand nombre de mines de mercure dans le
monde ; celles de Bohême ; le
peu qui s'en trouve en Saxe ; celles de Carinthie , de Hydria,
d'Hongrie, d'Efpagne & quelques-unes dans les Indes Orientales & Occidentales , font tout
ce que nous connoiffons. Cela
vient peut-être de ce que les Anciens, en traitant les minéraux,

n'y faisoient point d'attention, & ne s'occupoient que des substances qui restoient dans le creuset ou dans le fourneau ; cependant il paroît que réellement cette mine n'est point commune dans la nature.

VIII.

De l'Arsenic.

LES mines d'Arsénic sont, 1°. le *cobalt*, 2°. le *mispikkel* ou la pyrite arsenical, 3°. un minéral noir, qui ressemble à la pierre aux mouches (*Fliegen-stein*) *. On en trouve à Graul ; elle se sublime entiérement au feu, sans laisser de *caput mortuum*, ou de résidu en arriére. 4°. L'arsenic natif blanc,

* Ce minéral est ainsi nommé, parce qu'écrasé, mêlé avec de l'eau, & mis sur une assiette, les mouches qui en sont très-avides, meurent après en avoir mangé.

qui eft très-rare. 5°. L'orpiment.
6°. L'arfenic rouge natif, qu'on
trouve quelquefois avec l'orpiment. 7°. Beaucoup de pyrites
fulphureufes, qui contiennent de
l'arfenic en même-tems, auxquelles cependant on eft obligé de
joindre de la mine d'arfenic,
quand on veut avoir une quantité
d'arfenic rouge ou de *réalgar*,
qui en vaille la peine.

Il y a deux efpèces d'arfenic;
celui qui eft natif ou tout formé
dans la nature, & celui qui a été
tiré à l'aide du feu. On doit regarder comme de la premiére efpèce, 1°. le cobalt teftacé ou la
mine d'arfenic par écailles. 2°.
L'arfenic blanc qui reffemble à
de la farine. 3°. L'arfenic blanc
cryftallin. 4°. L'arfenic rouge.
5°. L'arfenic jaune.

L'arfenic en écailles contient

quelquefois un peu d'argent ; mais ce n'eſt peut-être que par accident, d'autant plus qu'il s'y trouve ſouvent de petites particules de mine d'argent rouge ſi déliées, qu'il eſt difficile de les reconnoître. Cette mine n'eſt ordinairement compoſée que d'arſenic tout pur ; elle ſe ſublime entiérement ſans laiſſer de réſidu, ſous la forme d'une farine blanche, & de cryſtaux blancs, ou ſous la forme d'une ſubſtance qui a un éclat métallique.

L'arſenic en farine ſe trouve quelquefois dans les creux ou cavités vuides des mines, qu'on nomme *druſen*. Il n'eſt point douteux que ce ne ſoit les exhalaiſons minérales ſoûterraines, qui l'ayent mis dans cet état ; & on peut voir que les exhalaiſons qui se font au - dessus de la terre produisent la même chose ; il suffit pour cela d'exposer pendant quelque tems à l'air libre, des morceaux entassés d'arsenic ou de cobalt par écailles.

L'arsenic cristallin naturel, est très-rare ; les morceaux que j'ai eu occasion de voir étoient, ou comme une masse de quartz, ou bien d'un tissu strié. Celui de la première espèce se distingue de l'arsenic cristallin artificiel, en ce qu'il ressemble à du verre fondu, qu'il ne souffre point d'altération à l'air ; enfin, en ce qu'il ne devient point laiteux.

L'arsenic jaune, ou l'orpiment contient une petite quantité de soufre qu'on ne peut point en séparer ; c'est en quoi il diffère du *réalgar* ou arsenic rouge , qui en eft plus chargé ; quand il eft très-divifé il fe fublime entiérement. On y trouve fouvent du réalgar ou arfenic rouge, dont les Alchymiftes font un très-grand cas.

L'arfenic rouge eft, ou en maffe folide dans fa miniére, ou fous une forme cryftalline, par petites couches très-minces : le premier fe trouve dans un filon fuivi ; le dernier dans les *drufen.* En Servie, il fe trouve, ainfi que l'arfenic jaune, particulierement dans la mine d'arfenic par écailles, & dans une couche de grais; il peut fe trouver accidentellement dans des filons de mine de cobalt ; il y en a des exemples à Schneeberg.

L'arfenic artificiel, ou qui a été tiré de fa mine par le feu, eft de quatre efpèces, 1°. l'arfenic noir, 2°. l'arfenic blanc, 3°. l'arfenic jaune, 4°. l'arfenic rouge.

Il nous reste à parler des mines qui fournissent de l'arsenic ; il faut regarder la mine d'arsenic en écailles comme l'arsenic tout pur ; mais les mines arsenicales sont, ou très-riches, ou n'en contiennent qu'une portion ; cela posé : voici comment on peut les diviser. Les mines d'arsenic proprement dites, sont donc, 1°. le cobalt, dont on fait la couleur bleue ou le saffre. 2°. Le *mispikkel* ou la pyrite arsenicale. 3°. Les mines d'étain. 4°. La mine d'argent rouge. Les trois premiéres contiennent un quart, & même un tiers d'arsenic, & la quatriéme presque une moitié.

On peut encore mettre au nombre des mines arsenicales, 1°. la pyrite jaunâtre, 2°. la mine de cuivre jaune, 3°. la mine de cuivre d'un gris-clair, 4°. la

mine d'argent blanche, 5°. plusieurs espèces de mines d'argent,
auxquelles il n'est point aisé de
donner un nom, à cause des substances avec lesquelles elles sont
mêlées ; elles sont même toutes
dans ce cas, à l'exception de la
mine vitreuse pure, & de la galene ou mine de plomb, quand
elle contient un marc d'argent,
quoique même quelquefois on
puisse encore l'en soupçonner.

I X.

Du Cobalt & du Bismuth.

LES mines de cobalt sont, 1°.
* le cobalt, dont on fait la cou-

* Depuis M. Henckel, on a fait de nouvelles découvertes sur le cobalt ; & M.
Brandt, sçavant Chymiste Suédois, a prouvé que c'étoit un demi-métal particulier, qui
a ses mines propres, dont on peut tirer un
régule.

leur bleue; lorſqu'on en a ſéparé la partie arſenicale par le grillage, il reſte une terre *, qui mêlée avec du ſable & du ſel alcali donne un verre, qui étant écraſé fait du bleu, qu'on nomme *ſaffre*. 2°. La fleur de cobalt qui eſt d'un beau rouge, comme la mine d'argent rouge, & ſtriée comme l'antimoine. Ce n'eſt point proprement du colbalt, ce n'eſt qu'une indication de ſa préſence; & je conjecture que c'eſt une ſubſtance martiale, de la nature de la blende. Le cobalt lui-même, lorſqu'il a été quelque-tems expoſé à l'air, ou dans des endroits humides & chauds, ſe couvre d'une couleur rouge, que l'on pourroit nommer *fleurs* ou *effloreſcence de cobalt*, ou

* Ce n'eſt point une terre, c'eſt le co-balt, dans l'état de chaux, qui colore le verre; propriété qu'ont les chaux métalli-ques.

plus exactement *enduit* de cobalt ; mais cette derniére espèce différe beaucoup de l'autre ; elle est d'un rouge très-pâle. 3°. Le *Kupfernikel,* ou mine d'arsenic d'un rouge de cuivre ; c'est un minéral d'une mauvaise espèce, qui contient une portion de cobalt & de cuivre ; quand on le dissout dans l'eau-forte, il la colore en verd. 4°. On donne encore à Freyberg le nom de *cobalt* à plusieurs pyrites arsenicales, qui ne sont rien moins que du cobalt. 5°. La mine de bismuth, dont on tire d'abord le bismuth, & dont le résidu, qu'on nomme *Wismuth-graupen,* sert à faire un beau bleu *. 6°. La pyrite arsenicale, ou *mispikkel,* qui est composée d'arsenic & de fer.

* Le bismuth ne contribue en rien à la couleur bleue, c'est le cobalt seul qui la donne.

Le mot *cobalt* est en usage pour désigner un être nuisible & mal-faisant, que la simplicité des Mineurs accuse de tourmenter les ouvriers dans leurs soûterrains; cependant on prétend que cette substance finit par leur faire découvrir de riches mines. Comme l'arsenic a réellement des qualités pernicieuses, on a donné ce même nom de *cobalt* aux minéraux arsenicaux & empoisonnés, dont on ne pouvoit tirer aucun profit, c'est-à-dire, qui ne contenoit point d'argent, sur-tout avant qu'on sçût s'en servir pour faire la couleur bleue, ou le saffre.

Sous le nom de cobalt on entend dans une signification étendue, 1°. l'arsenic métallique, pur & natif, nommé *arsenic* ou *cobalt* en écailles (*schirben-cobolt*). 2°. Dans quelques endroits, on

entend la pyrite blanche arsenicale (*mispikkel*) ; outre l'arsenic elle contient du fer, ce qui est cause qu'elle donne un verre noir.
3°. Une pyrite sulphureuse arsenicale, qui se trouve près de la
mine de Halsbruck, qui est assez peu connue, & qu'on rejette
comme inutile ; parce qu'elle ne
contient ni argent, ni cuivre. 4°.
Le cobalt, dont on tire la couleur
bleue dans la mine de Saxe, auquel
on donne le nom de *cobalt* par ex-
cellence. Cette derniére substance
est sur-tout composée d'une terre
fixe, qui au moyen d'un alcali &
du cailloux pulvérisé, forme un
verre transparent, de la couleur
du saphir. Il s'en trouve qui porte avec lui une terre étrangére,
nuisible à la couleur ; tel est celui de Blauthal, près de Scheene-
berg, qui pour cette raison ne

fouffre pas beaucoup de fable ; il donne pourtant une couleur violette, qui n'eft pas fort belle.

Le cobalt eft prefque toujours mêlé avec beaucoup d'arfenic, qui en fait même jufqu'aux deux tiers ; & celui qui eft arfenical eft, toutes chofes égales, toujours le meilleur pour faire la couleur bleue. Outre cela, fouvent il contient de l'argent, quoique, lorfqu'il eft dans ce cas on ne le nomme plus *cobalt*, mais *mine d'argent* ; d'autant plus que l'argent n'eft point de l'effence du cobalt, & qu'il n'eft pas vrai que celui qui en contient donne une plus belle couleur que l'autre ; & même on peut dire le contraire ; attendu que plus il eft riche en argent, plus il contient de parties étrangéres qui le rendent peu propre à cet usage.

Celui qu'on nomme *Kupfernikel* est, comme le prouve assez sa couleur de cuivre, mêlé de parties étrangéres & cuivreuses, qui le rendent impur. Il y a une espèce de cobalt à qui l'on donne le nom de *Kupfernikel*. Il est d'une mauvaise qualité, sans qu'on puisse l'attribuer au cuivre ; il faut qu'il contienne une portion d'une terre étrangére nuisible à la couleur, & qui ne peut en être séparée. On regarde quelquefois le *Kupfernikel*, comme contenant de l'argent, mais ce métal n'est pas de son essence ; & quand on examine attentivement les morceaux de Kupfernikel, on trouve qu'ils sont entremêlés d'un cobalt tenant argent.

Quand le cobalt est crystallisé il est presque en cubes, dont les angles font abbatus ; mais fouvent fes cryftaux font fi irréguliers, qu'on ne peut y diftinguer de figure déterminée. Quant à fon tiffu intérieur on peut le remarquer dans celui qu'on nomme *cobalt en fcories* ; il eft ainfi nommé, parce qu'il eft comme compofé d'écailles arrangées les unes fur les autres, & compactes comme une fcorie.

Sa couleur eft ordinairement grife, plus foncée que celle de la mine d'argent blanche, mais moins que celle de la mine d'argent grife.

On lui donne encore différentes épithétes, eu égard à différentes qualités accidentelles ; c'eft ainfi qu'on le nomme *cobalt arborifé, cobalt tricoté*, &c.

Ce qu'on appelle *fleur de cobalt*, eft un cobalt d'une couleur

de

de fleurs de pêcher, & ftrié ; il ne
faut point la regarder comme une
efflorefcence du cobalt, attendu
qu'elle ne fe trouve point fur le
cobalt, mais fur des fentes ou
gerfures de quartz ; cependant elle participe du cobalt, puifqu'elle colore légérement le verre en
bleu. Outre cela, on remarque
encore de la couleur de rofe fur
du cobalt compacte ; on pourroit
avec plus de raifon l'appeller *fleur
de cobalt*, quoique ce ne foit réellement qu'un enduit extérieur qui
fe forme fur le cobalt, quand il
a été entaffé à l'air pendant quelque tems. Ces deux couleurs
peuvent être regardées comme
une indication certaine du cobalt.

Dans la mine de bifmuth, ce
demi-métal n'eft jamais minéra-
lifé ; c'eft-à-dire, n'eft jamais

combiné avec le foufre, ou l'arfenic, ni incorporé avec des parties terreftres & non métalliques,
mais le métal fi volatil, qu'on
nomme *bifmuth*, eft toujours tout
pur & tout formé dans fa miniére, quoiqu'il fe trouve mêlé extérieurement avec toutes fortes
de fubftances minérales, & fur-
tout avec le cobalt; il eft aifé de
le reconnoître à l'aide de la lou-
pe, ou du microfcope. Cependant on ne l'appelle point *bifmuth*,
mais mine de bifmuth, quand il
n'eft point tout-à-fait fenfible dans
fa miniére, ou quand il n'en a
pas été tiré par la fufion, & féparé des parties hétérogénes qui y
étoient attachées.

Pour ce qui eft de la partie co-
lorante qui fe trouve, dans ce
qu'on appelle en Allemand *Wif-
muth-graupen*; quoiqu'on pût s'i-

imaginer qu'elle vînt du bifmuth, il eft cependant plus à préfumer qu'elle ne fait point partie de fa compofition, mais qu'elle vient des matiéres étrangéres & fur-tout du cobalt qui y font mêlés, d'autant plus que le bifmuth bien pur ne donne point de cette matiére qui colore en bleu. En un mot, on ne fçait point encore le moyen d'analyfer les parties différentes qui entrent dans la compofition du bifmuth.

La couleur du bifmuth tire un peu fur le rougeâtre ; par la comparaifon on voit qu'elle différe de celle de l'arfenic qui eft d'un gris foncé, du régule d'antimoine qui eft blanc, du zinc qui eft bleuâtre ; & enfin de la pyrite arfenicale blanche qui eft d'un gris blanc.

Son tiffu eft feuilleté ; il n'eft point fi ténace que le zinc, il

eſt auſſi caſſant que le régule d'antimoine, & ne différe point de l'arſenic pour la ténacité.

Je ne ſçais point ſi la mine de
biſmuth ſe trouve ſeule & par elle-même ; je l'ai toujours vûe accompagnée du cobalt qui donne
la couleur bleue. En Miſnie on la
regarde comme annonçant de bon
cobalt ; cependant dans la mine
de Huber-à-Joachimſthal le cobalt, quoique mêlé de beaucoup
de biſmuth, ne laiſſe point de donner une couleur aſſez mauvaiſe; &
quoiqu'il arrive quelquefois de
trouver de la mine de biſmuth
dans le voiſinage des filons d'étain
comme à Altenberg & à Ehrenfriedersdorf, cela ne laiſſe pas
d'être rare ; & dans ces deux endroits on y trouve auſſi de la pyrite arſenicale.

On trouve quelquefois du *Kup-*

fernikel à Schweina dans le Duché d'Eifenach & à Eifleben dans des couches d'ardoife cuivreufe, & non-feulement il indique la préfence du cobalt, mais il eft lui-même un cobalt, quoique d'une mauvaife efpèce. S'il fe rencontroit encore de la mine de bifmuth dans de l'ardoife de cette efpèce, cela ne feroit pas plus furprenant que d'y trouver du cobalt, parce qu'il pourroit arriver la même chofe qu'à Schweina où au-deffous de la couche cuivreufe, on a découvert un filon de vrai cobalt qui s'annonçoit en pénétrant au travers des fentes & vénules par des caractères qui en indiquoient la préfence.

Les matrices ou miniéres dans lefquelles le bifmuth fe trouve principalement, font le quartz, la pierre de corne ou jafpe, & le

fpath ; la premiére eft la meilleure,
& la derniére eft la plus mauvaife.

Il eft rare que les filons de mine
de bifmuth & de cobalt viennent
aboutir à la furface de la terre ; &
à Schneeberg où font les plus fameufes mines du cobalt, elles
étoient ci-devant couvertes de
mine d'argent : cependant il eft
douteux fi, lorfqu'on a commen-
cé à exploiter ces mines, on cher-
choit à en tirer la couleur bleue.

Le couleur de rofe qu'on remarque fur les mines de bifmuth
qui contiennent du cobalt, s'attri-
bue plûtôt à cette derniére fubftance qu'au bifmuth ; ce qui fait
qu'on la nomme *enduit de cobalt.*
Il faut auffi remarquer que la mine de bifmuth bien pure dans laquelle on ne remarque point de
traces de cobalt ne fe couvre point
de cet enduit : d'un autre côté,

en faisant diffoudre le bifmuth le plus pur dans un acide, la folu-tion prend un très-beau rouge, dont il paroît que le bifmuth four-nit la matiére, & que c'eft le co-balt qui la développe.

De l'Antimoine.

LES principales mines d'anti-moine font 1°. la mine d'anti-moine d'un gris foncé, qui eft la plus commune; on en tire *l'anti-moine crud.* 2°. La mine d'anti-moine rouge qui eft d'un rouge foncé, comme le crayon rouge ou la fanguine; mais elle eft d'un tif-fu foyeux très-delié. Elle eft fi rare que très-peu d'Auteurs en ont fait mention; il s'en trouve quelque-fois à Braunsdorf parmi d'autres mines d'antimoine.

L'antimoine crud eft compofé d'aiguilles ou de ftries; ce qui le diſtingue de la mine de plomb.

C'eſt le ſoufre combiné avec le régule d'antimoine qui le minéraliſe, c'eſt-à-dire, lui fait perdre ſa forme métallique, pour en faire un minéral. Jamais on n'a trouvé de régule d'antimoine tout pur ou natif *, & quand on ſe ſert de ce nom, c'eſt pour déſigner une mine d'antimoine très-pure qu'on peut détacher de ſa miniére ſans le ſecours du feu. Cependant pour l'ordinaire cette mine eſt tellement entre-mêlée de parties terreſtres & foſſiles, qu'on eſt obligé d'avoir recours à la fonte pour les en ſéparer ; & pour lors l'antimoine qui a été ainſi tiré de ſa miniére ne peut pas être regardé

* Suivant les Mémoires de l'Académie Royale des Sciences de Stokholm, année 1748. on a trouvé dans la mine de Salberg en Suède du régule d'antimoine natif.

comme d'une qualité inférieure à celui qui en a été féparé à coups de marteau.

Les parties qui conftituent la mine d'antimoine, font 1°. le demi-métal qu'on nomme *régule*, nom qui lui a été donné par les Alchymiftes, qui femble cependant être fondé dans la chofe même. En effet l'opération par laquelle on purifie l'or par le régule d'antimoine femble indiquer une certaine analogie entre ce *roi* des métaux & notre régule ou *roitelet*; 2°. le foufre qui ne differe aucunement de celui qui eft contenu dans la pyrite, la mine de plomb, la mine d'argent vitreufe, &c. car le foufre doré d'antimoine, dont il eft fait mention dans quelques Auteurs, n'eft autre chofe que l'antimoine crud auquel on a joint une troifiéme fubftance; ou bien c'eft le régule mafqué fous une autre forme.

La forme de l'antimoine eft ftriée, il s'en trouve néantmoins qui n'a point de figure déterminée, & qui reffemble à de la mine de plomb à petits grains, ou à de la mine d'argent blanche ; cependant il différe affez fenfiblement de la premiére par fa couleur foncée, & de la feconde par fon coup d'œil bleuâtre. Peut être que le mifcrofcope ne laifferoit pas de faire encore découvrir des ftries dans l'antimoine, quand il eft méconnoiffable à la fimple vûe.

Sa couleur eft ordinairement grife, cependant elle différe des autres mines grifes, telles que la mine de plomb, la mine d'argent blanche, &c. par un coup d'œil bleuâtre.

On a encore l'antimoine rouge

qui tire fur le pourpre, mais cette mine ne doit être regardée que comme une curiofité, je ne fçais pas même s'il s'en trouve ailleurs qu'à Freyberg. Au refte jamais elle n'eft fi compacte que la grife ; on ne la trouve qu'en petites houpes foyeufes, ou comme des barbes de plumes fur fa miniére ; elle n'eft réellement compofée que de foufre & de régule.

La mine d'antimoine fe trouve ordinairement dans dês filons qui lui font propres, quoique fouvent elle foit accompagnée d'autres mines, telles que la mine d'argent rouge, la pyrite, la mine de cuivre grife, &c. comme on peut le voir à Braunfdorf. Ces filons ont encore la propriété d'être plus ordinairement proches de la furface de la terre, qu'à une grande profondeur; on en voit des exemples en-deçà de Biberſtein dans une carriére de pierre où l'on en rencontre un filon très-fort qui eſt à nud ; près de Hayngen où l'on en a découvert un qui étoit immédiatement ſous la premiére couche de la terre, &c.

Nota. M. Henckel n'a point placé le zinc au rang des demi-métaux ; il paroît que dans le tems qu'il donnoit les leçons contenues dans cet Ouvrage, ce ſçavant Naturaliſte n'avoit point encore les connoiſſances que l'on a acquiſes depuis ſur cette ſubſtance. Actuellement il eſt décidé que le zinc eſt un demi-métal, dont la propriété eſt de jaunir le cuivre de roſette : ſes mines ſont, 1°. la pierre calaminaire, avec laquelle on ne fait du cuivre jaune que, parce qu'elle contient du zinc, 2°. la blende (*ſterile nigrum*) ou le crayon. Celle qui eſt un peu rougeâtre, paſſe pour être la plus riche en zinc.

Il y a beaucoup de zinc dans la mine qu'on exploite à Goſlar ; & dans la fuſion il s'attache aux parois du fourneau, & y fait un enduit, que l'on nomme la *Cadmie des fourneaux*, dont on ſe ſert comme de la calamine pour faire du cuivre jaune.

Fin de la Premiére Partie.

APPROBATION

APPROBATION.

J'Ai lû par ordre de Monseigneur le Chancelier un Manuscrit qui a pour titre : *Minéralogie de Frederic Henckel, traduite de l'Allemand*, & j'ai cru que l'impression en seroit très-utile au Public. A Paris, ce 18. Janvier 1756.

Signé, LA VIROTTE.

PRIVILEGE DU ROI.

LOUIS, par la grace de Dieu, Roi de France & de Navarre : A nos amés & féaux Conseillers, les gens tenant nos Cours de Parlement, Maîtres des Requêtes ordinaires de notre Hôtel, Grand-Conseil, Prévôt de Paris, Baillifs, Sénéchaux, leurs Lieutenans civils & autres nos Justiciers qu'il appartiendra : SALUT. Notre Amé GUILLAUME CAVELIER, Libraire à Paris, Nous a fait exposer qu'il désireroit faire imprimer & donner au Public des Ouvrages qui ont pour titre *de Morbo Scorbuto tractatus, Autore Severino Eugaleno Doccumano, & la traduction Françoise. Elémens de Physiologie. Minéralogie de Frédéric Henckel, traduite de l'Allemand*, s'il Nous plaisoit lui accorder nos Lettres de Privilége, pour ce nécessaires. A CES CAUSES, voulant favorablement traiter l'Exposant, Nous lui avons permis & permettons par ces Présentes de faire imprimer lesdits Ouvrages, autant de fois que bon lui semblera,

I. Partie.   K

& de les vendre, faire vendre & débiter par tout
notre Royaume, pendant le tems de six années con-
sécutives, à compter du jour de la date des Présentes. Faisons défenses à tous Imprimeurs, Libraires & autres personnes de quelque qualité & condi-
tion qu'elles soient, d'en introduire d'impression
étrangere dans aucun lieu de notre obéissance ; comme aussi d'imprimer ou faire imprimer, vendre,
faire vendre, débiter ni contrefaire lesdits Ouvrages, ni d'en faire aucun Extrait, sous quelque pré-
texte que ce puisse être, sans la permission expresse
& par écrit dudit Exposant, ou de ceux qui auront
droit de lui, à peine de confiscation des exemplaires contrefaits, de trois mille livres d'amende contre chacun des contrevenans, dont un tiers à Nous,
un tiers à l'Hôtel Dieu de Paris, & l'autre tiers
audit Exposant, ou à celui qui aura droit de lui,
& de tous dépens, dommages, & intérêts ; à la
charge que ces Présentes seront enrégistrées tout au
long sur le Registre de la Communauté des Imprimeurs & Libraires de Paris, dans trois mois de la
date d'icelles, que l'impression desdits Ouvrages sera
faite dans notre Royaume, & non ailleurs, en bon
papier & beaux caracteres, conformément à la Feuille
imprimée attachée pour modéle sous le contre-scel
des Présentes ; que l'Impétrant se conformera en
tout aux Réglemens de la Librairie, & notamment
à celui du 10. Avril 1725 ; qu'avant de les exposer
en vente les Manuscrits qui auront servi de copie à
l'impression desdits Ouvrages, seront remis dans le
même état où l'Approbation y aura été donnée, ès
mains de notre très-cher & féal Chevalier Chancelier
de France le Sieur DE LA MOIGNON, & qu'il
en sera ensuite remis deux Exemplaires de chacun
dans notre Bibliothéque publique, un dans celle de
notre Château du Louvre, un dans celle de notre
très-cher & féal Chevalier, Chancelier de France le
Sieur DE LA MOIGNON, & un dans celle de notre
très-cher & féal Chevalier Garde des Sceaux de France le Sieur DE MACHAULT, Commandeur de nos
Ordres, le tout à peine de nullité des Présentes. Du

contenu desquelles vous mandons & enjoignons de faire jouir ledit Expofant & fes ayant caufe , pleinement & paifiblement , fans fouffrir qu'il leur foit fait aucun trouble ou empêchement. Voulons que la copie des Préfentes, qui fera imprimée tout au long, au commencement ou à la fin defdits Ouvrages , foit tenue pour dûement fignifiée, & qu'aux copies collationnées par l'un de nos Amés & féaux Confeillers Secrétaires foi foit ajoutée comme à l'original. Commandons au premier notre Huiffier ou Sergent, fur ce requis , de faire pour l'exécution d'icelles tous actes requis & néceffaires , fans demander autre permiffion , & nonobftant clameur de Haro, Charte Normande & Lettres à ce contraires. CAR tel eft notre plaifir. DONNE' à Verfailles , le quinziéme jour du mois de Mars , l'an de grace mil fept cens cinquante-fix, & de notre regne le quarante-unieme. Par le Roi en fon Confeil.

LE BEGUE.

Régiftré fur le Regiftre XIV. de la Chambre Royale & Syndicale des Libraires & Imprimeurs de Paris , N°. 23. fol. 21. conformément aux anciens Réglemens, confirmés par celui du 28. Février 1723. A Paris, le 19. Mars 1756.

Signé, DIDOT, Syndic.

www.ingramcontent.com/pod-product-compliance
Lightning Source LLC
LaVergne TN
LVHW010303190726
843502LV00014B/1102